了解太陽系的天體！

人類居住的地球屬於太陽系，一起探索太陽系的天體吧！

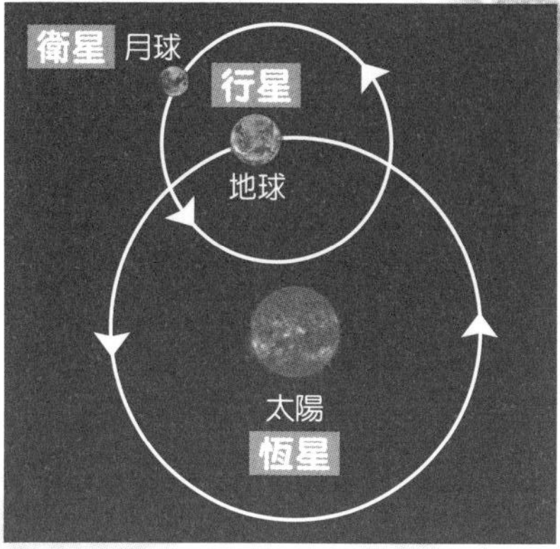

恆星‧行星‧衛星

和太陽一樣自行發光的天體稱為「恆星」，在恆星周圍繞行的天體稱為「行星」，在行星周圍繞行的天體稱為「衛星」。

內行星與外行星

在地球和太陽之間公轉的行星稱為「內行星」，在地球外側公轉的行星稱為「外行星」。

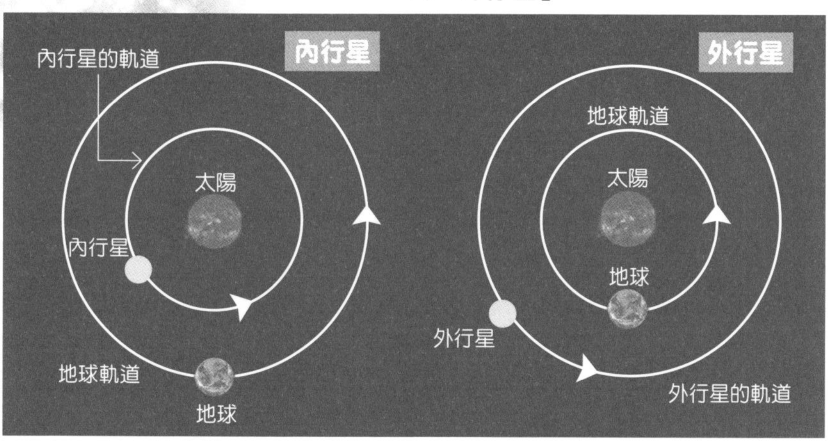

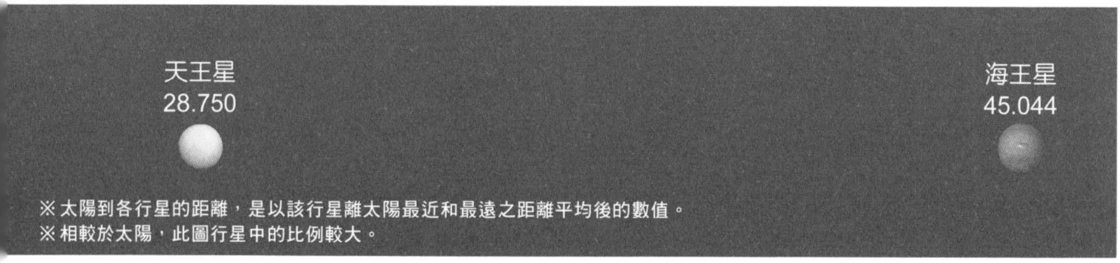

※太陽到各行星的距離，是以該行星離太陽最近和最遠之距離平均後的數值。
※相較於太陽，此圖行星中的比例較大。

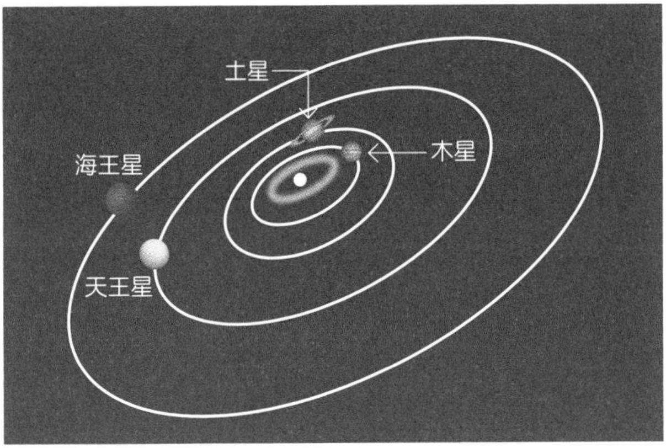

土星
木星
海王星
天王星

行星的公轉

太陽系的行星全都圍著太陽繞行，這樣的現象稱為「公轉」。每顆行星都有自己的公轉路線，此路線稱為「軌道」。

行星的種類

太陽系的行星有兩種，一種是由岩石組成，另一種主要由氣體組成。

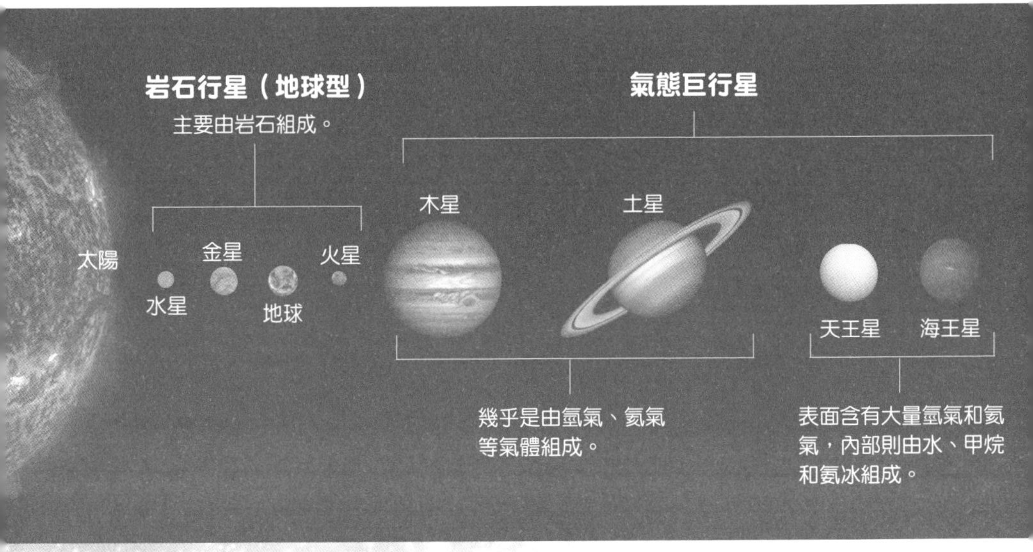

岩石行星（地球型）
主要由岩石組成。
氣態巨行星
太陽
水星
金星
地球
火星
木星
土星
天王星
海王星
幾乎是由氫氣、氦氣等氣體組成。
表面含有大量氫氣和氦氣，內部則由水、甲烷和氨冰組成。

行星與太陽的距離（單位：億 km）

有 8 個行星圍著太陽公轉，各位知道這些行星距離太陽多遠嗎？

太陽
水星 0.579
金星 1.082
地球 1.496
火星 2.279
木星 7.783
土星 14.294

影像提供● NASA/JHUAPL/Carnegie（水星）、NASA（太陽、金星、火星、天王星、海王星）、NASA/NOAA/Suomi NPP/VIIRS/Norman Ku（地球）、NASA/JPL（月球）、NASA.ESA.and A. Simon（NASA/GSFC）（木星）、NASA and The Hubble Heritage Team（STScI/AURA）（土

哆啦A夢 DORAEMON

科學大冒險

奔向星空大宇宙

角色原作：藤子·F·不二雄
漫畫：栗原MISAKI　日文版審定：山岡均（日本國立天文台）
譯者：游韻馨　台灣版審訂：李昫岱

哆啦A夢 科學大冒險

奔向星空大宇宙

目錄

▲從設置ALMA望遠鏡的山頂設施拍攝的銀河系。

攝影／川村晶 © 日本國立天文台

▲昴星團望遠鏡拍到距離地球3億光年的銀河「史蒂芬五重星系」（HCG 92）。

© 日本國立天文台

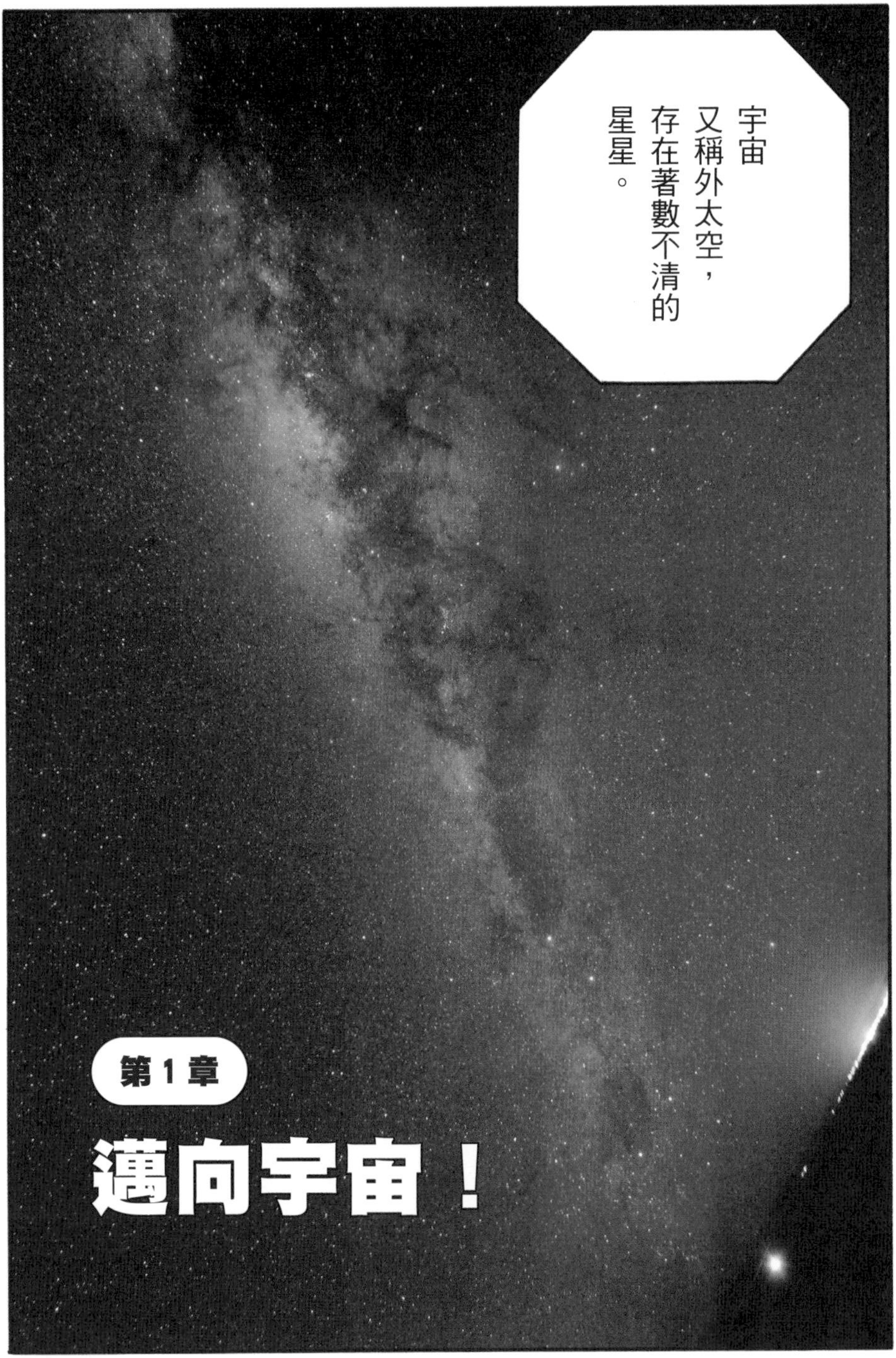
宇宙
又稱外太空，
存在著數不清的
星星。

第1章 邁向宇宙！

影像●日本國立天文台

宇宙真是奧妙。
好美哦……
真想到外太空欣賞滿天的星星。
兒童宇宙科學館
我來拜託哆啦A夢，讓我們兩個一起上太空看星星好不好？
我們也會一起去，對不對啊？
只有我和靜香兩人而已……
哆啦A夢！
胖虎又對你提出無理要求了嗎？
我只想跟靜香一起上太空，來一趟兩人的天體觀測之旅。
時機正好，大家一起去吧！

我抽中了搭乘銀河蒸汽火車參加宇宙問答大賽的免費票券。
銀河蒸汽火車問答大賽之旅
宇宙問答大賽？
那是二十二世紀很受歡迎的比賽。
優勝獎品是一顆星星哦！
星星！
如果我贏了，我要把那顆星取名為大雄星。
聽起來很有趣耶。
大家都要一起去嗎？
我不想邀胖虎和小夫，想改邀出木杉同學去，
這樣才會贏啊！
你不會真的想丟下我們兩人，然後找別人去吧？
哇啊！

沒想到真的可以上太空！
哆啦A夢太強了！
可是這樣就贏不了……
你是說和我們一起去就贏不了嗎？
不是啦……
銀河蒸汽火車真的會來這裡嗎？
不用擔心。
午夜零時零分進站，零時三分出發。
銀河鐵道的時刻表是很準時的。

問答大賽一天就會結束嗎？
正確的比賽天數我不太清楚。
宇宙太寬廣了，很難預估。
但我們隨時都能從「任意門」回家，不用擔心。
太好了！
看來問答大賽的規模很大呢，越來越期待了！
心臟撲通撲通的，好興奮！
我們一定會贏！
你怎麼了？看起來心情不好。
星星的名字就叫胖虎星。
也把我的名字放進去嘛！
原來如此……

我原本想將星星取名為大雄星。
先別急，等贏了比賽再說吧！
ボウ～
※咘
來了！列車來了！
ボッ ボッ ボッ ボッ ボッ
※咘咘咘
ボッ ボッ ボッ ボッ
※咘咘咘
ボッ ボッ
※咘咘
ボッ ボッ
※咘咘
好酷哦！

※咘
ボゥー
※喀噹、嘁～
ゴットン
プシュー…
蒸汽火車真的從天而降耶！
很帥吧！
其實它是蒸汽火車型的太空船。
我們的座位在第七車廂。

這是列車內部？
哇！好寬敞啊……
感覺比外觀看起來還寬敞耶。
這是利用二十二世紀先進技術打造的壓縮空間，一節車廂中有五個包廂。
哎呀呀、哎呀呀！來自二十一世紀的貴賓，歡迎上車！
請容我檢查一下車票。
請問你是車掌嗎？
是的，我是車掌。
貴賓可以在包廂內好好休息，也能到餐車享用美食，
在問答大賽開始之前，各位可以自由活動。
我先告辭了。
ジリリリリリリ
ゴットン

※喀咚
※鈴鈴鈴

※咘咘

我們先把行李放在包廂裡吧！
我的是三號包廂。
我是一號包廂。
哇！包廂內部真豪華！
那是當然的啊！火車票很貴的，我們根本坐不起！
※跳、跳
床鋪好軟，好舒服啊！
※咻……
スウ…
※啵
パカ
歡迎搭乘銀河蒸汽火車。
這是什麼？
這是「太空膠囊」。
只要吞下太空膠囊，無論在哪種狀況都能過得舒適，就算遇到真空、低溫或是高溫等環境也不怕。
不穿太空衣也能在宇宙遨遊了！

※咘咘

哆啦A夢，我餓了。
我們去餐車吃飯吧！
ボッ
ボッ
真的好大啊！
怎麼沒看到其他乘客呢？
照理說應該有很多人參加比賽才對……
你們看！街上的路燈好像星星！
咦？

有一顆星星發出紅光呢！
好漂亮啊！
那顆發出紅光的星星是火星哦。
火星為什麼會發出紅光呢？
那是因為火星表面大部分都是顏色偏紅的土壤或岩石，太陽光照射之後，就會反射出紅光。
咦！
星星發出的光都是反射太陽光形成的嗎？
月亮、木星和土星是這樣沒錯，
但事實上，從地球看得見的星星，絕大多數都像太陽一樣會自行發光哦！

我們居住的太陽系

我們的地球是太陽系家族的一員，
為各位介紹太陽系中個性十足的家族成員！

海王星
天王星
土星
木星
火星
地球
月球
金星
水星
太陽

太陽系是一個大家族

太陽系是由太陽與圍著太陽繞行的眾多天體所形成的一個恆星系統。

太陽與系內的行星大約誕生於四十六億年前，成長至今。如今已演變成以太陽為中心，加上地球等八個行星與矮行星（冥王星型天體）、衛星、小行星、彗星等成員的大家族。

恆星

太陽 the Sun

●直徑 1,392,000km（約地球的109倍）
●重量 1,988,400,000,000,000,000,000,000,000t（約地球的33倍）
●自轉週期 25.38日（赤道附近）
●表面重力 28（地球1）
●表面溫度 約6000℃

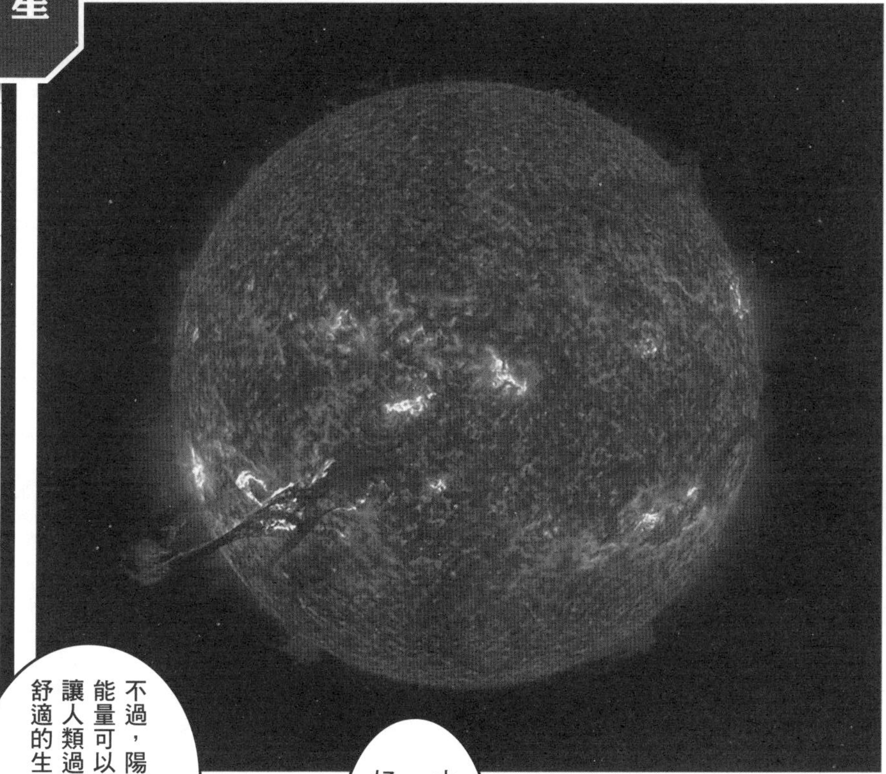

太陽是一顆會自行發光的「恆星」。大量氣體聚集形成太陽，剩餘的氣體和塵埃則形成行星。簡單來說，太陽是太陽系家族的母親。太陽雖然是一顆巨型高溫氣球，但質量相當大。太陽的重量占太陽系所有天體總和的百分之九十九點九。

太陽就像一顆火球，好恐怖啊！
不過，陽光釋放的能量可以溫暖地球，讓人類過著舒適的生活。

行星

水星
Mercury

- 直徑 4,879km（約地球的1/3）
- 重量 330,000,000,000,000,000,000t（約地球的1/18）
- 公轉週期 87.97日 ●自轉週期 58.65日
- 表面重力 0.38（地球1）
- 表面溫度 -180℃～430℃ ●衛星數量 0

類地行星。是太陽系中最小也最輕的行星，幾乎沒有大氣。白天的表面溫度為攝氏四百三十度，夜間則為攝氏零下一百八十度。水星表面有許多隕石撞擊後形成的隕石坑。

到處都是隕石坑，好像月亮！

行星

金星
Venus

- 直徑 12,103km（比地球小一點）
- 重量 4,870,000,000,000,000,000,000t（比地球輕一點）
- 公轉週期 224.7日 ●自轉週期 243.02日
- 表面重力 0.91（地球1）
- 表面溫度 465℃（平均溫度） ●衛星數量 0

金星是一顆大小與重量都和地球相近的類地行星，由於大氣幾乎都是二氧化碳，最高氣溫可達攝氏五百度左右。金星比最接近太陽的水星還熱，是太陽系中最熱的行星。由於這個緣故，金星上的水分都蒸發掉了。

如果地球持續暖化，會不會變得像金星一樣？

行星

地球

the Earth

●直徑 12,756km
●重量 5,970,000,000,000,000,000,000t
●公轉週期 365.26日 ●自轉週期 0.997日 ●表面重力 1
●表面溫度 14.85℃（平均溫度） ●衛星數量 1

地球主要由岩石構成，稱為「類地行星」。地球上有大海、森林和高山，還有許多種生物棲息。專家認為大約三十八億年前，海裡出現了微生物，這是地球演化出各種生物的關鍵。

地球的衛星 月球

●直徑 3,475km（約地球1/4）
●重量 73,500,000,000,000,000,000t（約地球1/81）

行星

火星

Mars

●直徑 6,792km（約地球的1/2）
●重量 641,000,000,000,000,000,000t（約地球的1/9）
●公轉週期 686.98日 ●自轉週期 1.03日
●表面重力 0.38（地球1） ●表面溫度 -150℃～20℃
●衛星數量 2

類地行星。火星的表面覆蓋著一層偏紅的含鐵土壤，使它看起來是紅色。人類在火星上發現有水流過的痕跡，專家認為這代表火星在很久以前有海洋，可能曾經有生命存在。

火星的衛星

火衛二

●最大直徑 16km

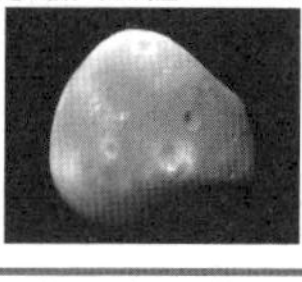

火衛一

●最大直徑 26km

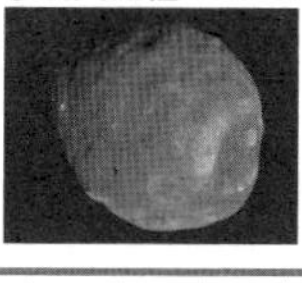

木星 Jupiter

行星

- 直徑 142,984km（約地球的11倍）
- 重量 1,900,000,000,000,000,000,000,000t（約地球的318倍）
- 公轉週期 11.86年　●自轉週期 0.4135日（9.9小時）
- 表面重力 2.37（地球1）　●表面溫度 -108℃（1氣壓處）
- 衛星數量 72

木星是太陽系中最大且最重的行星，它也是一顆覆蓋著氣體的「氣態巨行星」，從地球上看不到它的地面唷。木星表面看似有條紋和漩渦圖案，那其實是受到強風吹拂所致。

木星的主衛星群（伽利略衛星）

木衛一	木衛二	木衛三	木衛四
●直徑 3,642km	●直徑 3,124km	●直徑 5,264km	●直徑 4,818km

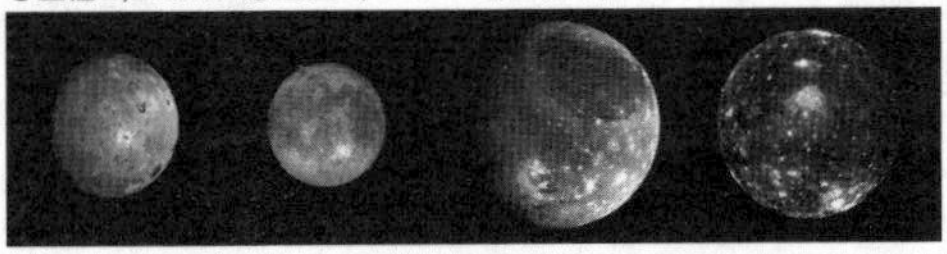

土星 Saturn

行星

- 直徑 120,536km（約地球的9倍）
- 重量 568,000,000,000,000,000,000,000t（約地球的95倍）
- 公轉週期 29.46年　●自轉週期 0.44日（10.6小時）
- 表面重力 0.93（地球1）　●表面溫度 -139℃（1氣壓處）
- 衛星數量 66

土星也是一顆氣態巨行星，擁有十分華麗壯觀的「環」。這個「環」是由無數大小不同的「冰」組成一個又一個的小環，這些小環集結起來就是我們看到的大型盤狀物。

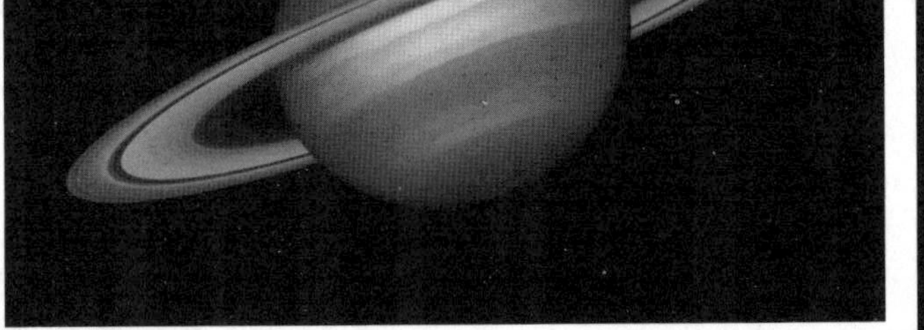

影像提供● NASA/JHUAPL/Carnegie（水星）、NASA（太陽、金星、火星、天王星、海王星）、NASA /NOAA/Suomi NPP/VIIRS/Norman Kuring（地球）、NASA/JPL（月球）、NASA, ESA, and A. Simon（NASA/GSFC）（木星）、NASA and The Hubble Heritage Team（STScI/AURA）（土星）、NASA/JHUAPL/Southwest Research Institute（冥王星）、NASA/JPL-Caltech/University of Arizona（火衛二、火衛一）、NASA/JPL/DLR（木衛一、木衛二、木衛三、木衛四）

行星

天王星 Uranus

- 直徑 51,118km（約地球的4倍）
- 重量 86,800,000,000,000,000,000,000t（約地球的15倍）
- 公轉週期 84年
- 自轉週期 0.72日（17小時）
- 表面重力 0.89（地球1）
- 表面溫度 -197℃（1氣壓處）
- 衛星數量 27

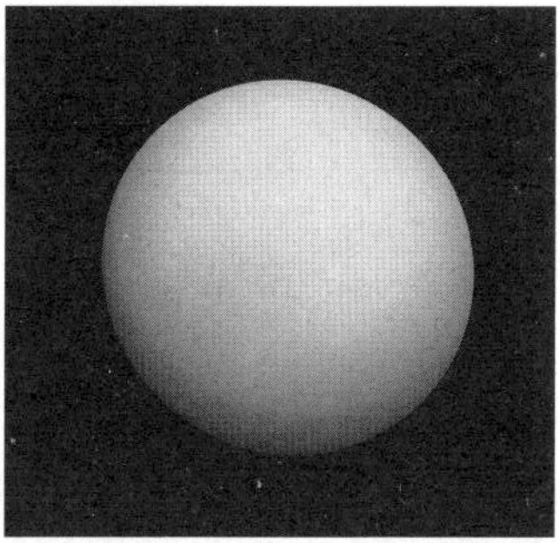

天王星離太陽很遠，十分寒冷。

行星

海王星 Neptune

- 直徑 49,528km（約地球的4倍）
- 重量 102,000,000,000,000,000,000,000t（約地球的17倍）
- 公轉週期 165年
- 自轉週期 0.67日（16小時）
- 表面重力 1.12（地球1）
- 表面溫度 -201℃（1氣壓處）
- 衛星數量 14

距離太陽最遠的行星，大氣層含有的甲烷使其看起來是藍色的。

矮行星（冥王星型天體）

冥王星 Pluto

- 直徑 2,377km
- 公轉週期 248年
- 自轉週期 6.39日
- 表面重力 0.059（地球1）
- 表面溫度 -220℃

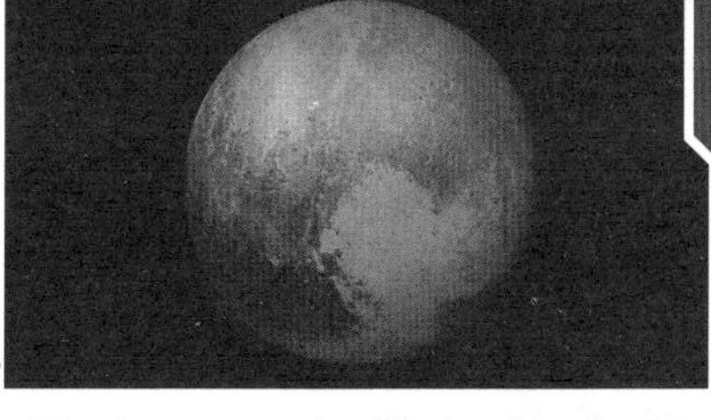

冥王星比月球小，過去曾經被視為行星，但後來在他的附近發現了許多大小相近的天體，因此在二〇〇六年時改列為「矮行星」。

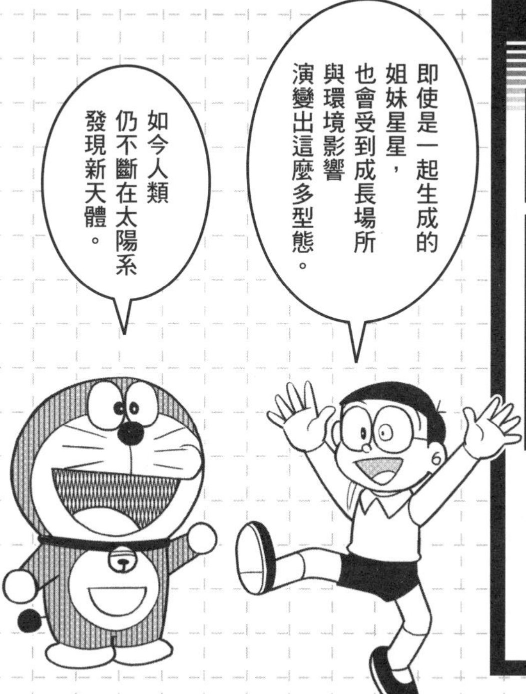
即使是一起生成的姐妹星星，也會受到成長場所與環境影響演變出這麼多型態。
如今人類仍不斷在太陽系發現新天體。

第2章
還沒到餐車嗎？
ボゥ～
天之川銀河
※咻～
再這樣走下去，還沒到餐車我就先餓倒了。
再努力一下，大雄！
走那麼慢，我們不管你嘍！
慢一點，你們走慢一點嘛！
呵呵——哈哈——等等我～

※跌倒

ステン
是誰？竟然在走廊睡覺！
對不起。
你是誰？穿的衣服怎麼這麼奇怪？
哎呀！是哪家牌子的衣服啊？
大雄，你在幹嘛？
終於遇到其他乘客了。
你好！
車掌說有來自二十一世紀的客人，就是你們嗎？
難怪看起來這麼土。
你說什麼！
讓你們見識一下，這是二十二世紀最新的潮牌服裝哦！

和你們穿的衣服相比，氣質就是不一樣，對吧？
我穿的可是精品品牌的衣服呢！別瞧不起人！
問答大賽見嘍，好好加油吧！
算了、算了。
那節車廂就是餐車。
歡迎光臨。
報名參加問答大賽的貴賓請上二樓。
竟然還有二樓耶！
哇！
二樓是西式自助餐廳。

自助餐？
就是吃到飽的意思啦！
這些也吃到飽嗎？
想吃什麼都能吃到飽。
好棒哦！
大雄，你剛剛不是走不動了嗎？
竟然有流動的巧克力！
這個叫做巧克力噴泉哦。
像這樣拿水果或棉花糖沾巧克力漿後吃。
菓
請問有銅鑼燒嗎？
有的。
哇！是糖果屋耶！
要是能進去裡面，就像童話故事裡的漢賽爾與葛麗特了！
E CREAM

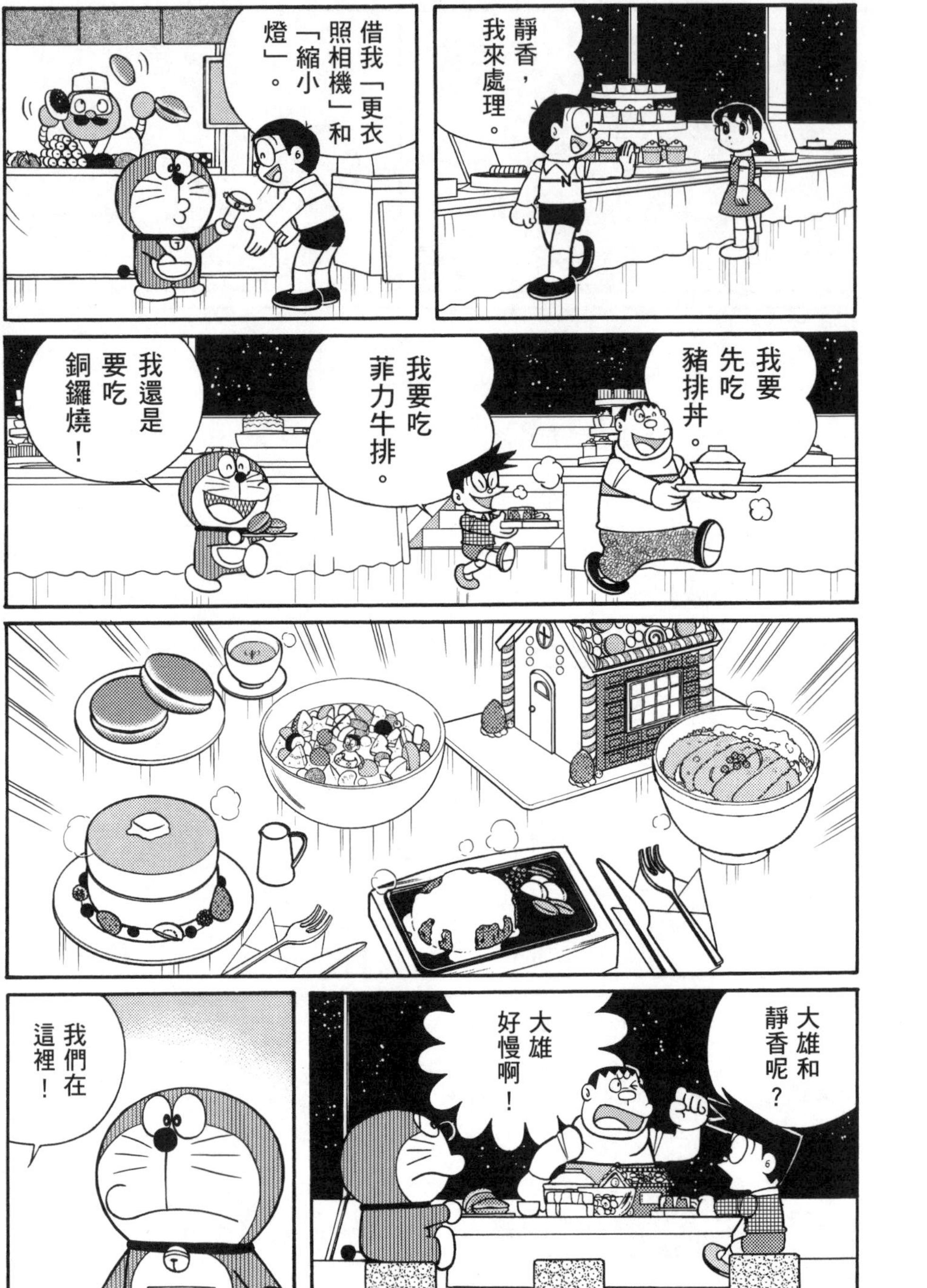

靜香，我來處理。
借我「更衣照相機」和「縮小燈」。
我要先吃豬排丼。
我要吃菲力牛排。
我還是要吃銅鑼燒！
大雄和靜香呢？
大雄好慢啊！
我們在這裡！

我們用「縮小燈」變小了。
這件衣服是「更衣照相機」變出來的。
這一碗是綜合水果汁做的游泳池，
可以一邊喝飲料一邊游泳哦！
ゴクゴク
只有遇到這種事，大雄才會這麼聰明……
這間糖果屋裡還有家具和擺飾哦！
可是，靜香，變小之後就吃不下這些甜點嘍！
說的也是，那我要變回來。
我維持現在的樣子就好。
プカプカ
※咕嚕咕嚕
※漂浮

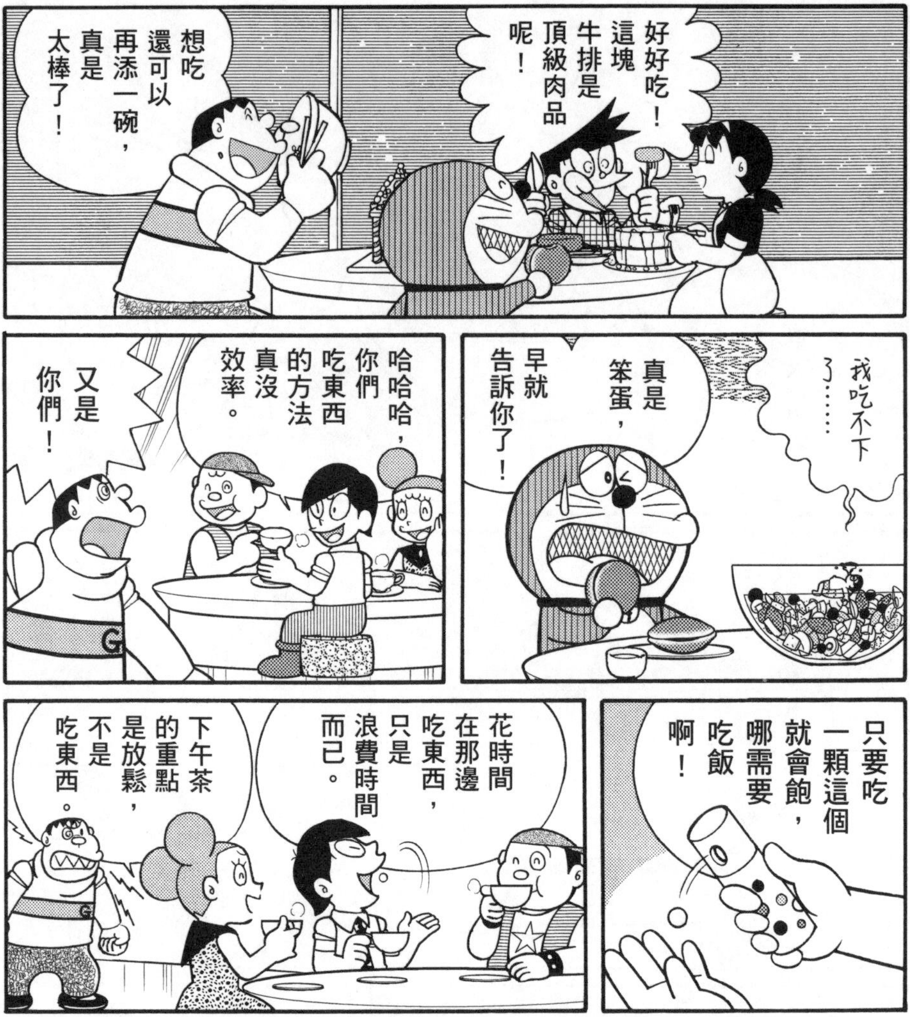
好好吃！這塊牛排是頂級肉品呢！
想吃還可以再添一碗，真是太棒了！
我吃不下了……
真是笨蛋，早就告訴你了！
哈哈哈，你們吃東西的方法真沒效率。
又是你們！
只要吃一顆這個就會飽，哪需要吃飯啊！
花時間在那邊吃東西，只是浪費時間而已。
下午茶的重點是放鬆，不是吃東西。
呿！這樣子做，人生還有什麼樂趣啊?!
就是說嘛！
吃藥丸就飽雖然很省事，但我喜歡吃東西。
哼！這些老古板真奇怪！

一邊抬頭看星星，一邊享受美食，人生真是太美好了。
你們快看！
是銀河！
好漂亮哦！
真的像一條河呢！
我只在天文館看過銀河。
可以親眼看到銀河，真是太感動了！

影像●日本國立天文台

銀河本來就是在地球上的任何地方都能看見的天體！
是誰？
你們好！
我是問答大賽的主持人，我的名字叫芒果。
在地球上並不是每個地方都能看到銀河哦！
那只是因為你們看不見而已。
在東京這類大城市裡，地面上的燈光太亮，使得天空也變亮，所以才看不見銀河。其實銀河一直在天上。
只有在深山這類不受燈光影響的地方，才能清楚看見銀河與滿天星星。
我隱約可以看到銀河，請問銀河是雲組成的嗎？
哈哈哈！哈哈哈！
有什麼好笑的？
你連這點常識都不懂就來參加比賽嗎？
G

影像●日本國立天文台

銀河當然是由無數星星組成的，那還用說？
可惡，不要瞧不起人！
算了、算了。
在問答大賽之前，先學習一些知識吧！
就快比賽了，我也來幫忙吧！
銀河系的每一顆星星都是「恆星」，像太陽一樣會自行發光哦！
沒想到像太陽一樣的星星有這麼多！
好厲害哦！
為什麼銀河看起來像河一樣呢？
你問到重點了。
大雄難得出風頭呢！
這句話不用說啦！

這個時候就要用到這本書。
《迷你實物大百科》。
迷你實物大百科
只要按下這顆按鈕，就會出現實際物品的迷你模型。
迷你實物大百科
※轟隆
ポン
※按
銀河系。
這就是銀河系。我們居住的地球，
就在這條銀河裡。
影像● NASA/JPL-Caltech

這些全都是星星嗎？
完全看不出地球在哪裡！
當然看不見啊。
因為銀河系總共有超過一千億顆恆星呢！
超過一千億顆恆星！
一千億顆，完全沒辦法數……
怎麼可能數得出來?!
※頭暈
銀河系到底有多大？
直徑大概是太陽的八千億倍那麼大。
好大啊！
銀河系旋轉的速度相當快，
以一秒鐘兩百二十公里的速度旋轉！

簡單來說，太陽系大約每兩億年繞行銀河系一周。
銀河真的好大，難以想像有多大，
好浪漫啊！
哆啦A夢，你知道為什麼銀河看起來像河嗎？
你試著從側面觀察銀河吧！
從側面看銀河，感覺是不是很像銅鑼燒？

影像● NASA/JPL-Caltech、NOAO/AURA/NSF

我也要看！
好，好。
既然你現在變小了，那就從裡面看吧！
我用「縮小燈」將「竹蜻蜓」變小。
即使變小了，也看不出哪顆星是地球。
哇！
看起來就像一條河！
沒錯，從側面看銀河，就像一條天之川，也就是天上的河流。
哈……哈……哈……

ハクション
※哈啾！
哇！
ボチャン
※撲通
救命啊！哆啦A夢！
我的衣服你要怎麼賠？這可是高級訂製服啊！
對不起。
我會賠你。
哆啦A夢，借我「更衣照相機」。
這個相機可以讓人立刻換上各種設計的衣服。
哼，動作快一點。

※喀嚓
カシャ
要是讓我穿上沒品味的衣服，我可不饒你。
糟了！忘了換相機裡的圖畫。
趕快換另一套！
我現在立刻畫。
真是受不了……
※喀嚓
カシャ
這樣就可以了。
啊！
色狼！
大雄畫的圖太醜了，機器無法辨識，認不出那是衣服。

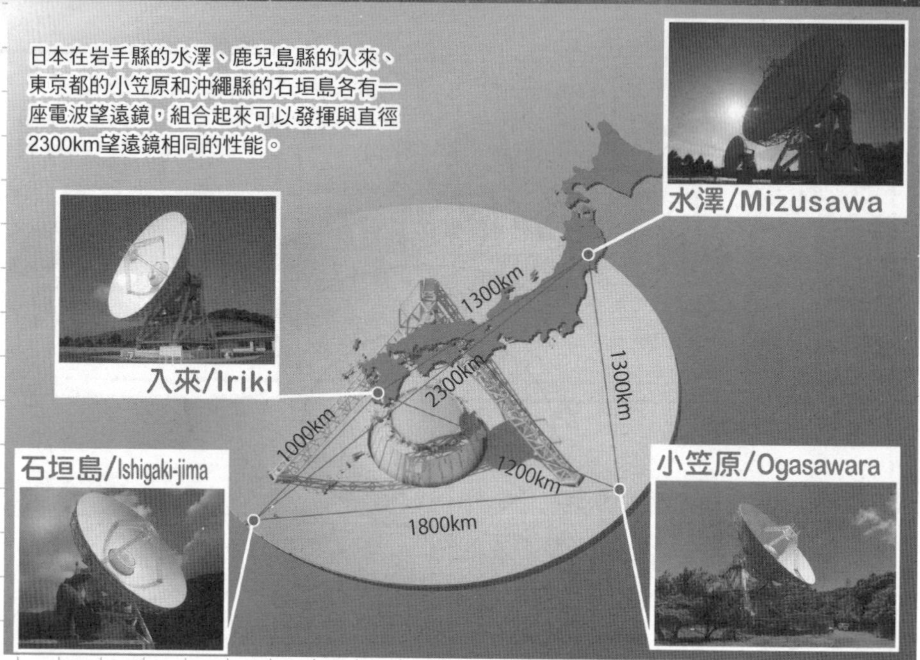
日本在岩手縣的水澤、鹿兒島縣的入來、東京都的小笠原和沖繩縣的石垣島各有一座電波望遠鏡，組合起來可以發揮與直徑2300km望遠鏡相同的性能。
水澤/Mizusawa
入來/Iriki
石垣島/Ishigaki-jima
小笠原/Ogasawara
1300km
1300km
2300km
1000km
1200km
1800km

銀河系大調查！

為各位介紹位於日本境內，調查銀河系之謎的望遠鏡！

利用巨型望遠鏡製作銀河系地圖！

日本正在製作銀河系的三度空間立體地圖，計畫名稱為「VERA專案」。利用望遠鏡捕捉星星發出的電波，測量星星與地球的距離，同時透過運行軌跡鎖定星星位置，繪製成地圖。電波望遠鏡越大，可以看得越遠，就連細部也能看得一清二楚。

因此，日本將現有四座電波望遠鏡，組合成一座直徑兩千三百公里的巨型電波望遠鏡。今後將與其他國家的望遠鏡合作，以更大型望遠鏡調查銀河系。

▲過去認為從銀河系中心到太陽系的距離大約為2萬7700光年，根據VERA專案的調查結果，約為2萬5800光年。

揭開星星誕生之謎！

野邊山45m電波望遠鏡

日本長野縣野邊山有一座天線直徑達四十五公尺、全球最大型的電波望遠鏡之一。這座望遠鏡非常有名，因為它發現了可以證明星系中央有一顆超巨大黑洞的證據。星星是氣體集結形成的，這座四十五公尺電波望遠鏡尋找銀河系裡的氣體位置，以此方式繪製地圖。只要善用這幅地圖，就能了解星星是如何形成的。

大發現！

生命元素的「源頭」

45m電波望遠鏡在銀河系中有星星誕生的地方發現了「生命元素之源」，這代表其他行星可能有生命存在！

從宇宙空間調查銀河系！

紅外線位置天文觀測衛星 JASMINE

想要在氣體和塵埃混雜的地方研究星星，必須使用紅外線望遠鏡才找得到。

為了解決這個問題，日本正在開發第一顆，可以在外太空使用紅外線望遠鏡的觀測衛星「JASMINE」，用以觀測星星距離和運動。人類可以透過這次的觀測，研究銀河系是如何演變成現在的型態。

JASMINE衛星預計在二〇二八年發射升空！

影像提供● 2020 日本國立天文台（VERA 局部配置圖）、NASA/JPL-Caltech（銀河系）、御子柴　廣（野邊山 45m 電波望遠鏡）、日本國立天文台（JASMINE）

各位旅客，本列車剛剛穿過銀河系。

這裡的每一顆光點都屬於銀河星系。
宇宙中存在著無數星系！

第 3 章

穿越銀河星系

影像提供● NASA, ESA, G. Illingworth, D. Magee, and P. Oesch (University of California, Santa Cruz), R. Bouwens(Leiden University), and the HUDF09 Team

那是銀河系旁邊的仙女座星系。
形狀很像銀河系。
你們看那個！
那是「橢圓星系」。
那是「螺旋星系」。
仙女座星系也是螺旋星系。
這個星系的中心處很像一根棒子。
咦？形狀好怪！
那是「不規則銀河」。
也就是歪七扭八，沒有固定形狀的星系。
哇！那是什麼？
形狀更奇怪！

那是「觸鬚星系」。
形狀很像昆蟲觸鬚，對吧？
專家認為兩個不同的星系撞在一起，
才會變成這個形狀。
哆啦A夢，星系是怎麼形成的呢？
請各位到這節車廂，我來為各位說明。

影像提供● NOAO/AURA/NSF, B.Twardy, B.Twardy, and A.Block(NOAO)、ESA/Hubble & NASA Adam Evans、NASA、日本國立天文台、NASA, ESA, and The Hubble Heritage Team(STScI/AURA)

哇！好暗！
這節車廂可以欣賞虛擬影片。
專家認為一百三十八億年前，像小點一樣的宇宙從一無所有的空間中誕生。自此之後，宇宙開始急速擴張。
然後──
哇！
啊！好刺眼！
宇宙充滿許多能量，這些能量轉換成熱能，在超高壓環境下，形成一顆超高溫火球，宇宙就此誕生。
チカ
チカ
這就是「大霹靂」。

※閃亮刺眼

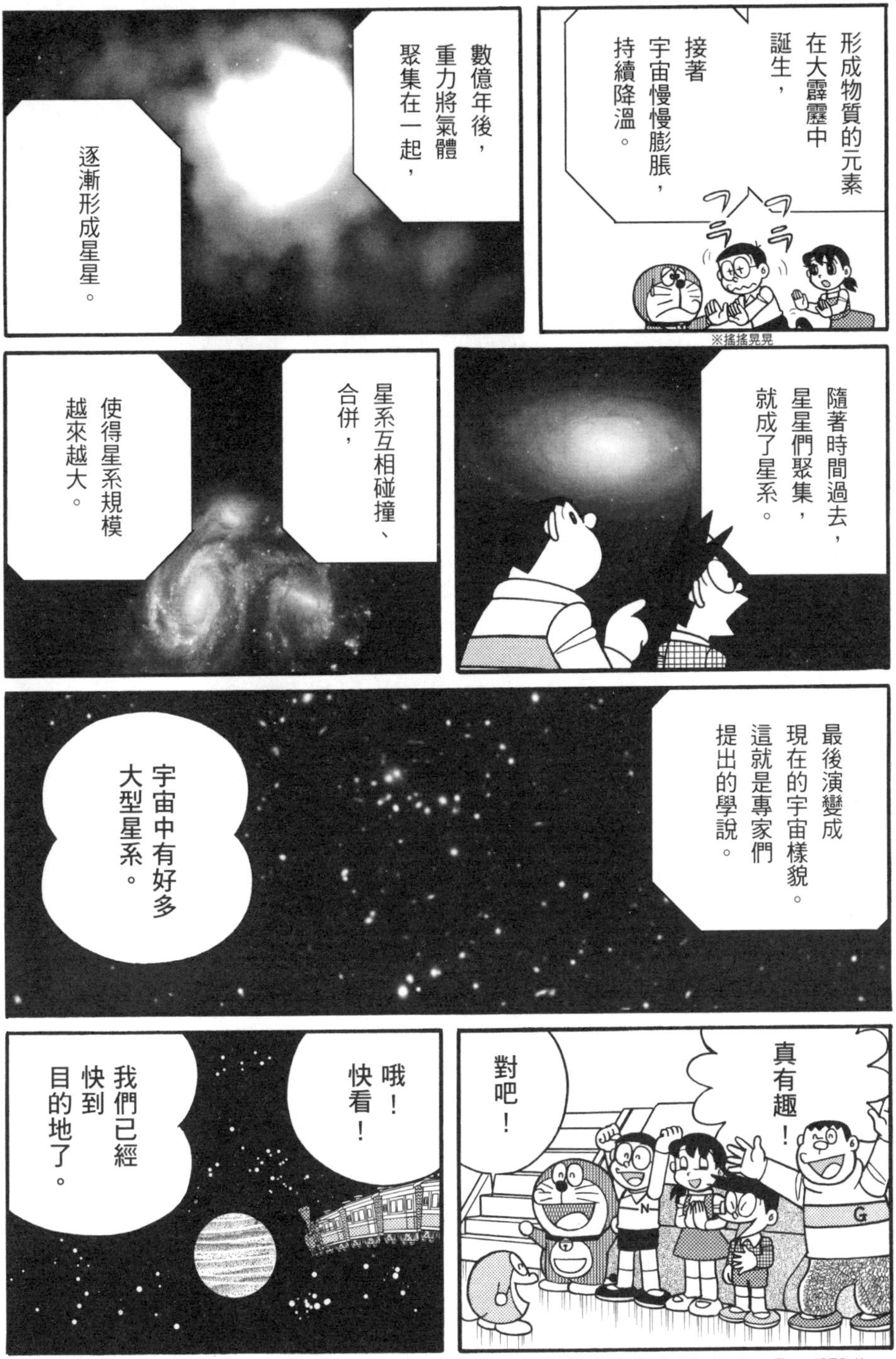
形成物質的元素在大霹靂中誕生，
接著宇宙慢慢膨脹，持續降溫。
フラ
フラ
※搖搖晃晃
數億年後，重力將氣體聚集在一起，
逐漸形成星星。
隨著時間過去，星星們聚集，就成了星系。
星系互相碰撞、合併，
使得星系規模越來越大。
最後演變成現在的宇宙樣貌。這就是專家們提出的學說。
宇宙中有好多大型星系。
真有趣！
對吧！
哦！快看！
我們已經快到目的地了。

影像提供● NASA, ESA and the Hubble Heritage Team(STScI/AURA)、NASA, ESA, the Hubble Heritage Team(STScI/AURA)-ESA/Hubble Collaboration and K. Noll(STScI)、日本國立天文台

美國哈伯太空望遠鏡拍攝的影像。拍到許多星系，所有發光的點都是星系。

各種星系

宇宙中有許多星系，形狀也各有不同。專家依形狀特徵分成好幾種。

依形狀區分星系！

一百年前沒有任何人知道，除了我們居住的銀河系之外，還有其他星系。一九二三年，美國的天文學家愛德溫·哈伯透過望遠鏡觀測時，發現仙女座星雲是銀河系外的星系。從此以後，人類明白銀河系不過是存在於宇宙中的星系之一。不僅如此，還從星系外觀分成橢圓星系、透鏡星系、螺旋星系、棒旋星系等。目前專家還在研究星系有各種形狀的原因。

▲愛德溫·哈伯（1889年～1953年）發現宇宙正在膨脹，是促進人類進步的偉大天文學家。

螺旋星系

▲螺旋星系NGC 6946（也稱為焰火星系），距離地球大約2250萬光年。

螺旋星系指的是帶有漩渦模樣的盤狀星系。中間隆起的部分聚集了許多老年的星星。相反的，螺旋的部分則是年輕星星聚集的地方。人類居住的銀河系屬於棒旋星系。

橢圓星系

橢圓星系不像螺旋星系，外型看起來像一顆球或橄欖球。由於氣體不多，新誕生的恆星數量相當少。

▶橢圓星系NGC 7458。

如果銀河系與仙女座星系合而為一，會變成什麼形狀呢？

成長中的星系

▲兩個螺旋星系（NGC 6050與IC 1179）撞在一起。

專家認為當兩個星系互相碰撞合體，就會成長為一個大星系。還有人猜測在很久很久以後，說不定銀河系也會和隔壁的仙女座星系撞在一起。

影像提供● NASA, ESA, H. Teplitz and M. Rafelski(IPAC/Caltech), A. Koekemoer(STScl), R. Windhorst (Arizona State University), and Z. Levay(哈伯深領域 2014)、日本國立天文台 (NGC 6946、NGC 7458)、NASA, ESA, the Hubble Heritages(STScl/AURA)-ESA/Hubble Collaboration, and K. Noll(STScl)（NGC 6050/IC 1179）

第4章 問答大賽開始了！

哇！好大啊！
這座太空樂園是很受歡迎的主題樂園，就連外星人也常常來玩哦！
那些傢伙還有臉在那邊開心嘻笑！
他就是剛剛在餐車沒穿衣服的那個人。
我絕對饒不了他們！
各位貴賓，請到這裡。
是飛機耶！

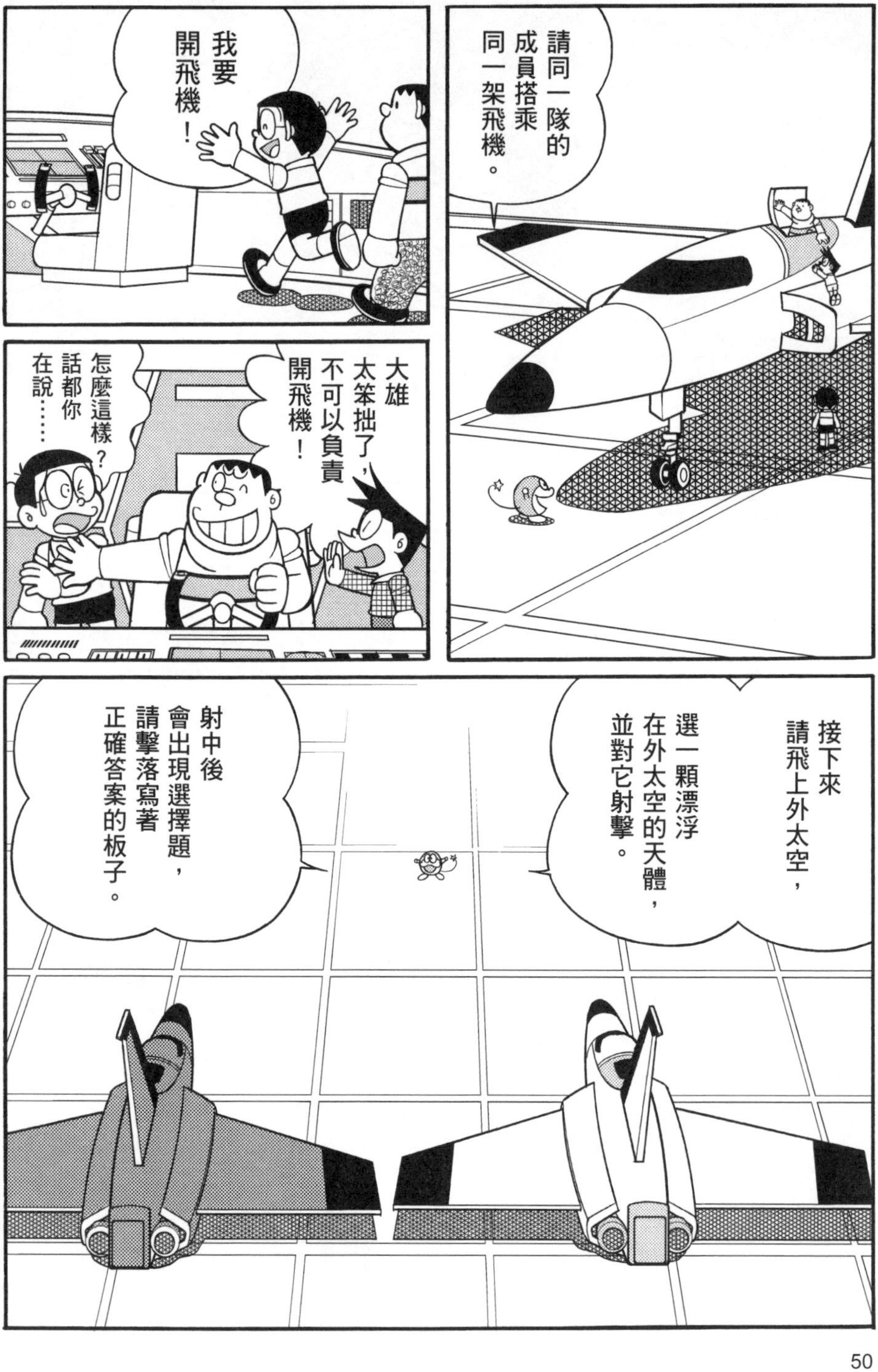
請同一隊的成員搭乘同一架飛機。
我要開飛機！
大雄太笨拙了，不可以負責開飛機！
怎麼這樣？話都你在說……
接下來請飛上外太空，選一顆漂浮在外太空的天體，並對它射擊。
射中後會出現選擇題，請擊落寫著正確答案的板子。

※啪
如果不小心撞到其他天體或答案不正確，遊戲就結束了。
沒問題的話，遊戲開始！
我們瞬間移動到外太空了！
※轟
哇！好震撼啊！
這一顆不錯。
就是現在！
※嗶嗶
※喀嚓

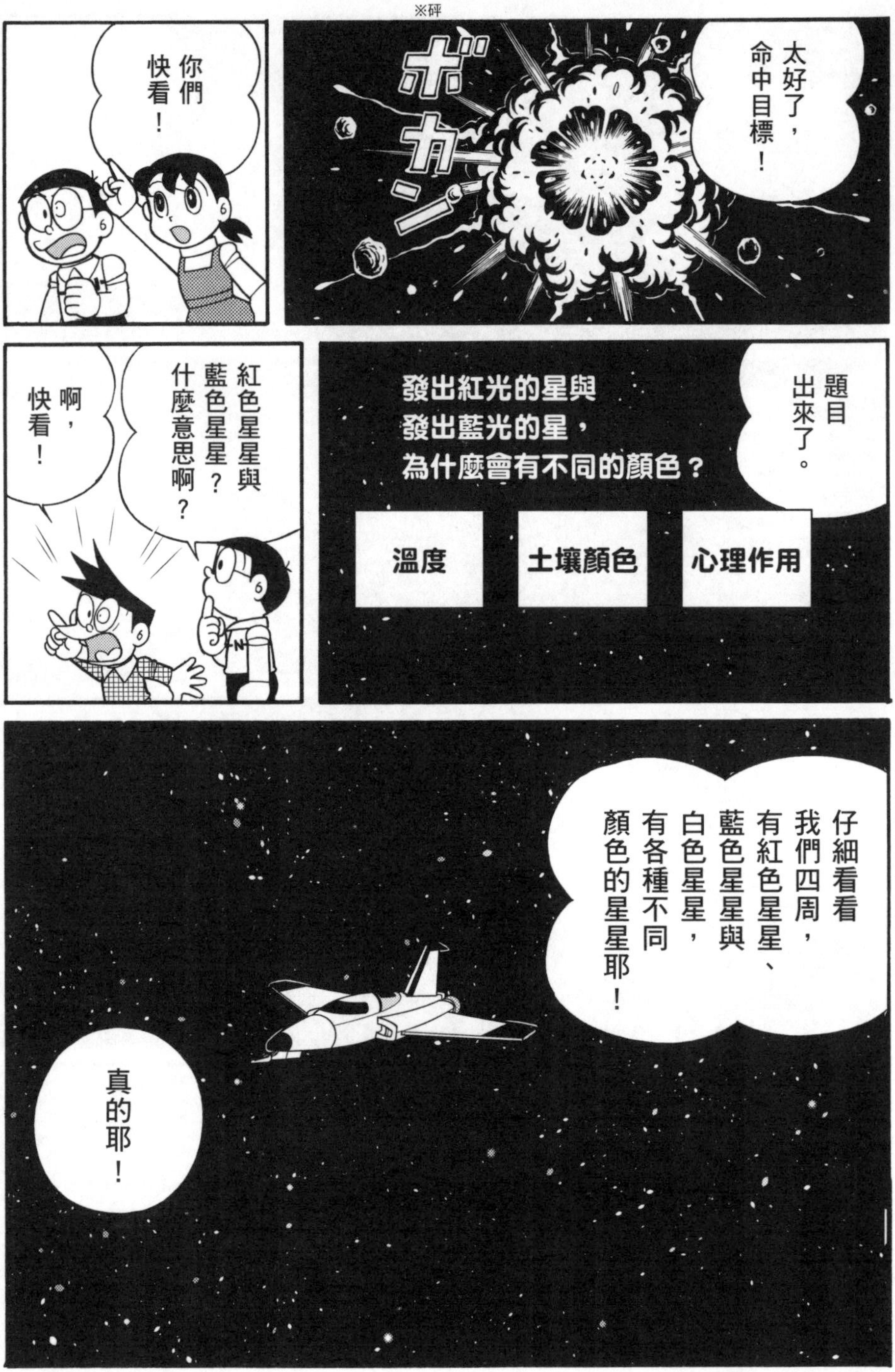

※砰
ボカーン
太好了，命中目標！
你們快看！
題目出來了。
發出紅光的星與
發出藍光的星，
為什麼會有不同的顏色？
溫度
土壤顏色
心理作用
紅色星星與藍色星星？什麼意思啊？
啊，快看！
仔細看看我們四周，有紅色星星、藍色星星與白色星星，有各種不同顏色的星星耶！
真的耶！

哆啦A夢，我們可以問出木杉同學這一題的答案嗎？
用「電視電話」。
大家好！
紅色星星與藍色星星，為什麼會有顏色的不同？
當我們仰望夜空，會看到閃著紅光、橘光、白光、藍白光等各種光芒的星星，
這是因為星星的表面溫度不同而造成的結果。
太陽看起來是黃色的，那是因為它的表面溫度有攝氏六千度左右。
夜空的星星有些是白色的，這是因為它們的表面溫度高達攝氏一萬度左右。
溫度竟然這麼高！
表面溫度攝氏三千度左右的星星是紅色的，六千度左右的是黃色的，
20000℃
6000℃
3000℃
藍白色
黃色
紅色
表面溫度超過攝氏兩萬度的星星，發出藍白色光芒。

我知道了，答案是「溫度」。
要瞄準哦！
交給我！
溫度
※嗶嗶嗶
※砰
正確
耶，答對了！
不愧是出木杉同學！
你什麼都懂呢！

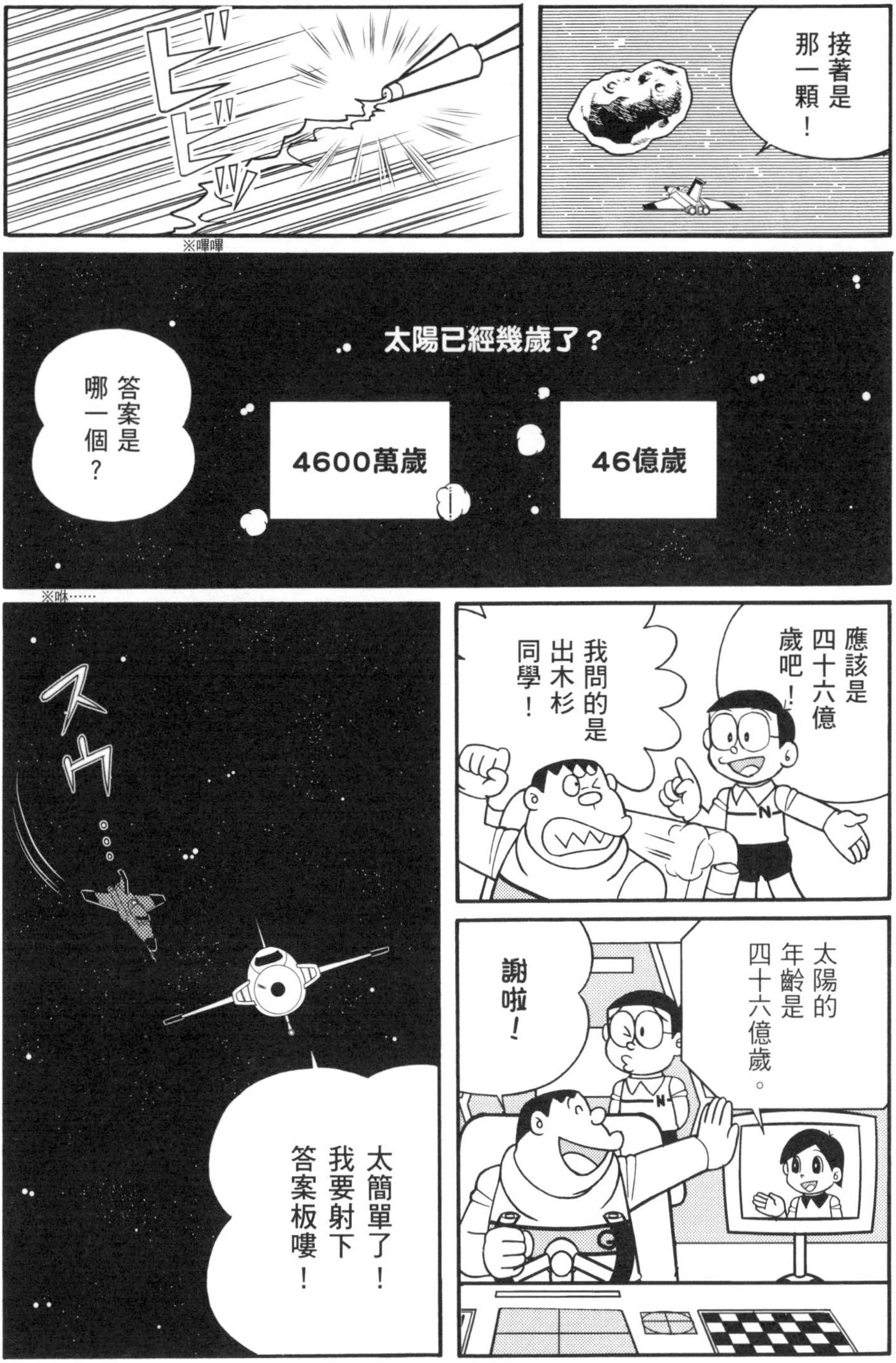
接著是那一顆！
※嗶嗶
太陽已經幾歲了？
4600萬歲
46億歲
答案是哪一個？
※咻……
應該是四十六億歲吧！
我問的是出木杉同學！
太陽的年齡是四十六億歲。
謝啦！
太簡單了！我要射下答案板嘍！

※碰撞

※砰
啊！
正確
太狡猾了！怎麼可以偷走別人的題目！
哼哼，誰叫你們拖拖拉拉的！
我想你們應該不知道吧？我來告訴你們……
太陽的年紀和地球差不多，
專家認為太陽的壽命還有五十億年哦！
這麼簡單的謎題還要想這麼久，太可笑了。
我只好把正確答案打下來了！
可惡！
振作起來，繼續尋找下一題！

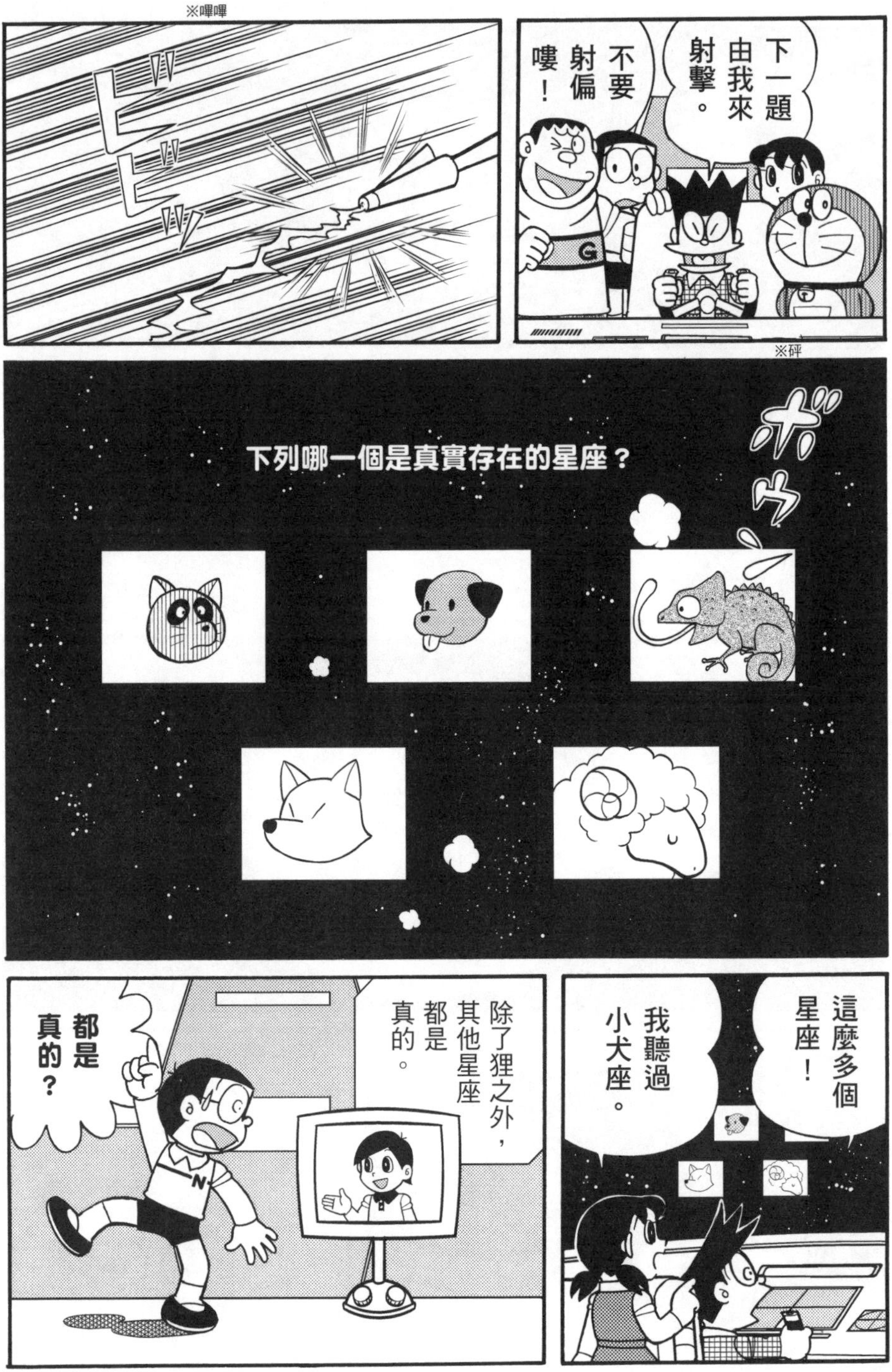
下一題由我來射擊。
不要射偏嘍！
※砰
※嗶嗶
下列哪一個是真實存在的星座？
這麼多個星座！
我聽過小犬座。
除了狸之外，其他星座都是真的。
都是真的？

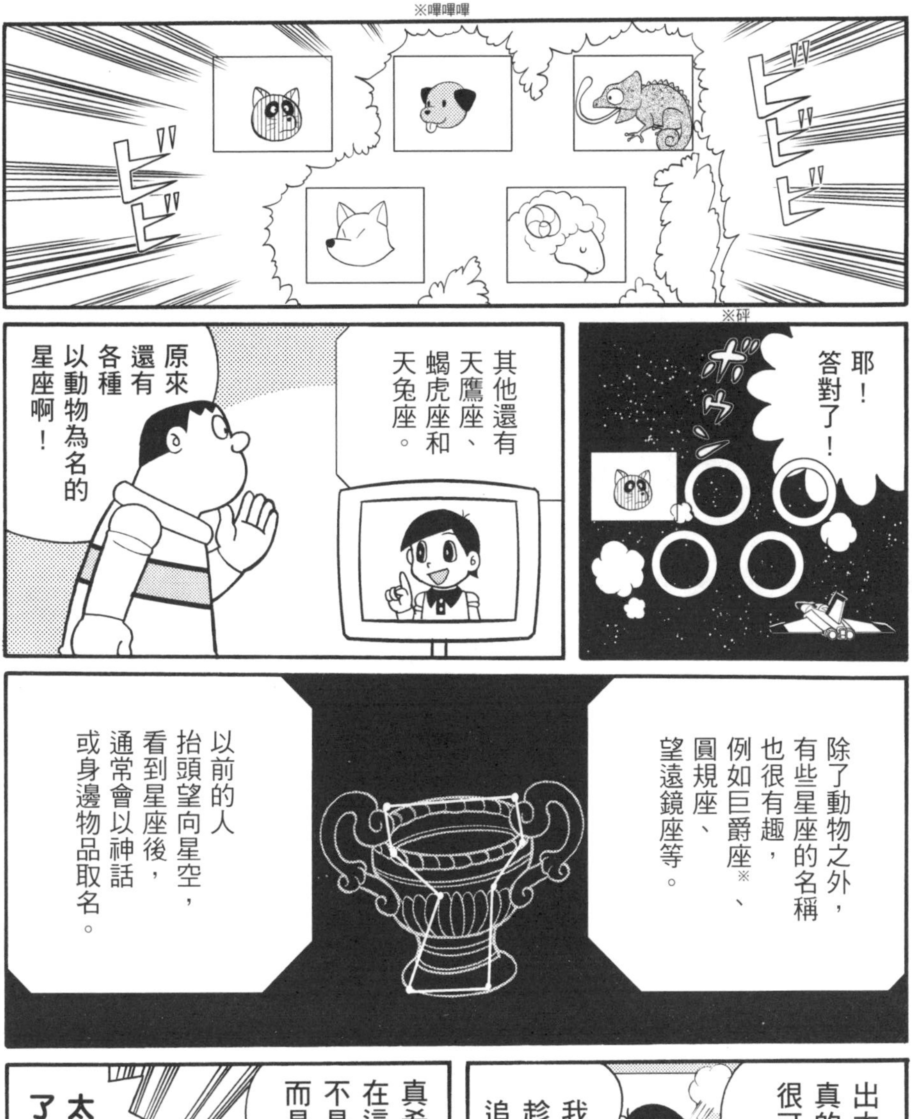
※嗶嗶嗶
※砰
耶！答對了！
其他還有天鷹座、蝎虎座和天兔座。
原來還有各種以動物為名的星座啊！
除了動物之外，有些星座的名稱也很有趣，例如巨爵座※、圓規座、望遠鏡座等。
以前的人抬頭望向星空，看到星座後，通常會以神話或身邊物品取名。
出木杉同學真的很可靠呢。
我們要趁勝追擊！
真希望在這裡的不是大雄，而是出木杉。
太過分了！

※源自希臘語Krater，意指倒葡萄酒的杯子。

接著來看下一個問題！
銀河系隔壁的星系叫什麼名字？
銅鑼燒星系
仙女座星系
四丈半星系
啊？我們是不是在火車上看過銀河系旁邊的星系？
對耶！
我也記得。
我記得是仙女座星系！
沒錯，仙女座星系！
正解
太好了！
我也知道答案啊！
怎麼了，大雄？

※嗶嗶嗶、砰

※砰
宇宙是何時形成的？
13億年前
138億年前
我們在虛擬影片看過宇宙形成的時間。
沒錯！
我知道，我知道！這一次由我來回答！
哇！
※撞到
糟了！那是錯的！
※嗶嗶、砰
啊，笨蛋！
※喀噠

※咘

答錯了！
宇宙是在一百三十八億年前形成的。
ブーッ
二十一世紀隊，遊戲結束！
哇！
所有天體都往我們飛過來了！
ボカーン
ボカーン

※砰、咚、啪滋啪滋

要是我們剛剛那一題答對，我們還能繼續挑戰下一題。
我們不能得冠軍，都是大雄害的！
這麼說也太……
你們快看。
那是古早人的飛機。
他們答錯了，真蠢啊！
我又不是故意的！
大雄每次都這樣。

▲1670年荷蘭學者製作的星圖。

傳說與神話

許多星座表現出希臘神話的神祇、勇士與動物姿態，這一節將介紹這些主角登場的神話。

星座起源

以前的人們將天上的星星串聯在一起，在夜空描繪出動物和用具的形狀，自由創建各種星座。興建於西元七百年左右的日本「高松塚古墳」和「龜虎古墳」也有星座繪畫。

一般認為大約五千年前美索不達米亞文明（伊拉克附近）的人們奠定了現代星座的基礎。他們繪製的星座傳播至古希臘，與希臘神話結合在一起。不僅如此，一六〇〇年代歐洲船員航行至南半球，在南半球的天空創作出更多新的星座。

由於過去的人們創作出太多的星座，後來在一九二八年，天文學家訂定了現行的八十八個星座。

▲法國拉斯科洞窟壁畫，繪製於1萬6500年前的冰河時期，專家認為圖中描繪的是昴宿星團。

影像提供● SPL/PPS 通訊社

春天的星座

處女座

相傳處女座描繪的是農業女神狄蜜特的身影。狄蜜特有一位美麗的女兒，叫做「泊瑟芬」。

有一天，冥界之神黑帝斯帶走了泊瑟芬。狄蜜特請求天神宙斯幫忙，宙斯命令黑帝斯釋放泊瑟芬。不過，泊瑟芬在冥界吃了石榴籽，因此每年都必須在冥界度過三個月。

泊瑟芬在冥界生活的期間，狄蜜特就會感到十分悲傷，她的負面情緒灑落地面，導致植物不開花也不結果，這就是冬季的由來。

春天的星座

大熊座

女神希拉得知自己的丈夫天神宙斯喜歡上精靈卡利斯托，感到十分憤怒，於是將卡利斯托變成一頭母熊。

卡利斯托有個兒子，名叫阿卡斯。有一天，長大成人的阿卡斯在森林裡發現卡利斯托變成的母熊，便拿起弓箭準備射殺。宙斯看到這一幕，立刻將阿卡斯變成小熊，讓母子一起飛到天上，成為星座。相傳熊的尾巴之所以長長的，是因為宙斯抓著熊尾巴往天上拋的緣故。

小熊座

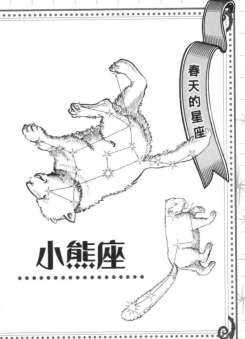

烏鴉座

音樂之神阿波羅養了一隻烏鴉，這隻烏鴉的羽毛是銀色的，還會說人話。阿波羅平時相當忙碌，無法陪在妻子庫魯妮絲的身邊，於是這隻烏鴉每天都向阿波羅報告庫魯妮絲的現況。

有一天，溜出去玩而耽誤時間的烏鴉來到庫魯妮絲家查看，發現了一名男子。這名男子是庫魯妮絲的哥哥，但烏鴉誤會了他的身分，於是告訴阿波羅「庫魯妮絲愛上別人」。阿波羅盛怒之下用弓箭射殺了庫魯妮絲。後來阿波羅才得知烏鴉說的不是事實，便將烏鴉的羽毛變成黑色，還讓牠無法說話，只能嘎嘎嘎的叫。

闡述銀河故事的希臘神話

相傳女神希拉在餵寶寶喝奶時，由於寶寶吸吮得太大力弄痛了女神，女神便將寶寶推開。此時乳汁噴了出來，形成銀河。這名寶寶長大後，便是知名的希臘英雄海克力士。

銀河的英文名稱「Milky Way（乳道銀河）」便是源自於這一則希臘神話故事。

◀繪畫《銀河的起源》（一五七五年～一五八〇年左右）。

夏天的星座

天秤座

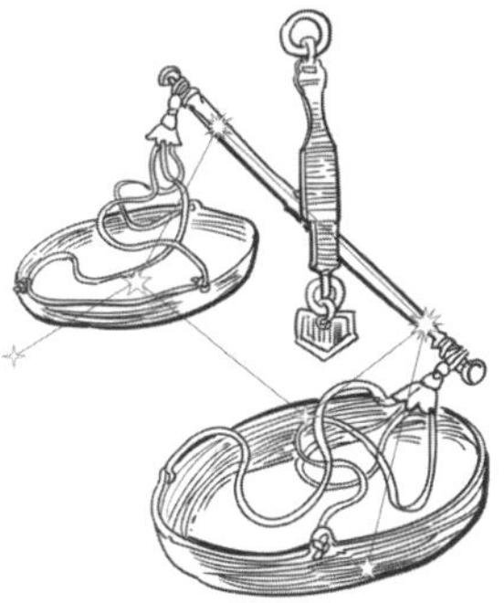

在過去的年代，神祇與人類一起在陸地上生活。有一天，一位名為潘朵拉的女子發現了一個以黃金做的漂亮盒子。潘朵拉將盒子交給丈夫保管，並千交代萬交代叮囑丈夫絕對不能打開這個盒子。但她的丈夫還是抵擋不了好奇心，打開了盒子。沒想到此一舉動釋放了盒子裡的所有邪惡，包括疾病、竊盜、憎恨等。由於這個緣故，邪惡遍及全世界，人類開始為非作歹，導致神祇憤慨失望，紛紛離開了人類世界。在此情形下，唯有正義女神阿斯特莉亞留下來，努力教導人類做正確的事。但她後來也放棄努力，回到天上。天秤座的天秤，是阿斯特莉亞用來評量人類罪行使用的工具。

夏天的星座

天琴座

奧菲斯彈奏的豎琴音色十分優美。有一天，他的妻子歐律狄刻被毒蛇咬死。奧菲斯為了帶回心愛的妻子，於是前往冥界尋人。

冥界之神黑帝斯被奧菲斯彈奏的豎琴聲打動，允許他將妻子帶回人間。黑帝斯並告誡他：「在踏上人間土地之前，絕對不能回頭看。」沒想到就在他們看到人間陽光的那一刻，奧菲斯太過開心，忍不住往後看了一眼他的妻子歐律狄刻。於是，就在那一瞬間，他的妻子再次被吸入黑暗世界之中。

英仙座

天神告訴提林斯國王阿克里西俄斯，他的女兒達那埃將生下一個兒子，而這個兒子未來會殺死他。後來達那埃真的生了一個兒子，阿克里西俄斯感到害怕，於是將達那埃母子放入木箱，流放至大海之中。幸運的是，箱子漂流到一座小島，達那埃與兒子便在小島上生活。達那埃為兒子取名柏修斯（英仙座），將他養育成一名勇敢的年輕人。

島上的國王想跟達那埃結婚，但達那埃很討厭那位國王，於是柏修斯十分注意國王的動向，不讓他接近自己的母親。為了迎娶達那埃，國王決定使計趕走柏修斯。他命令柏修斯去取梅杜莎的首級。梅杜莎是一名頭髮全是毒蛇的可怕女妖，凡是與她對上眼的人都會變成石頭。

「到底要如何打敗梅杜莎？」

飛馬座

正當柏修斯煩惱之際，兩名天神出現了。他們說柏修斯的父親曾經委託他們保管一些武器，現在他們將些武器交給柏修斯。事實上，柏修斯的父親是天神宙斯。柏修斯使用這些武器，取下了梅杜莎的頭。

過程中有一些血流至地面，從這些血中誕生出一隻帶著一雙翅膀的飛馬（飛馬座）。

柏修斯殺了梅杜莎之後，梅杜莎的兩位姊姊緊追著柏修斯不放。幸虧柏修斯穿著飛天鞋，一下子就飛到很遠的地方去。

仙后座

在天空飛翔的柏修斯，發現了一位被栓在海邊岩石上的美麗女孩。柏修斯問她為什麼被栓在這裡，才知道她是衣索比亞公主安朵美達（仙女座）。她的母親卡西歐佩亞（仙后座）曾說「安朵美達比所有的海洋女神都美」。這句話惹怒了海洋女神，女神派出海怪克托（鯨魚座）作亂。安朵美達哭著說：「唯有將我獻給海怪，才能平息海怪的怒氣。」柏修斯無法置之不理，將梅杜莎的首級放在海怪面前，讓海怪石化，順利救出安朵美達。柏修斯後來與安朵美達結婚，還打倒了小島的國王，兩人過著幸福快樂的日子。

仙女座

有一次柏修斯參加比賽時扔出一個飛盤，飛盤不幸砸死了一名觀眾，這名觀眾就是阿克里西俄斯國王。

鯨魚座

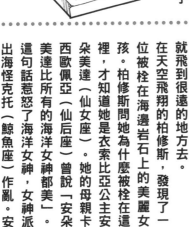

獵戶座

獵戶座是冬季夜空中十分閃亮耀眼的星座。獵戶俄里翁的左手披著獅子皮，右手高舉棒子，展現出英勇的獵人姿態。由於他的父親是海神波塞頓，因此俄里翁具備一項特殊能力，那就是可以在海面自由行走。

儘管俄里翁很強，卻不是英雄。他的脾氣很暴躁，不斷追著女神阿蒂蜜絲的伴神「普勒阿得斯七姊妹」，讓人相當頭痛。加上他的個性不好，自視甚高，總是高傲的說：「沒有人（神）比我更強。」對此感到憤怒的神祇決定制裁他，放出一隻毒蠍子。俄里翁被蠍子螫到腳致死，最後飛上天成為獵戶座。

獵戶座雖是冬天的星座，天蠍座卻是夏天的星座。這是因為俄里翁很怕蠍子，每次都要等到天蠍座沉入西方的天空之後，才從東方的天空升起。這兩個星座絕對不可能同時出現在同一片星空。

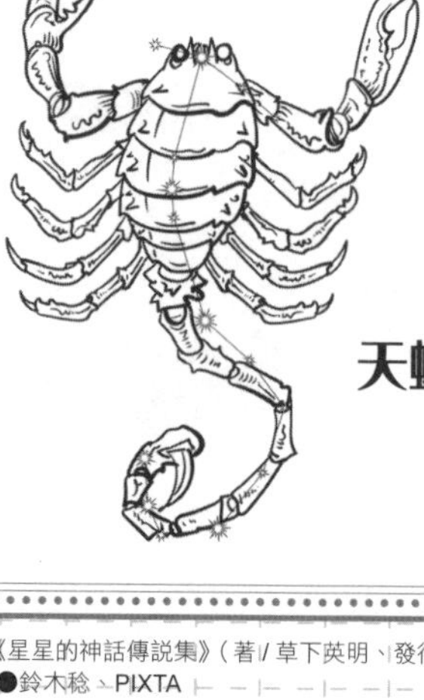

天蠍座

參考文獻●《星星的神話．傳説》（著／野尻抱影、發行／講談社學術文庫）、《星星的神話傳説集》（著／草下英明、發行／現代教養文庫）、《希臘神話》（著／山室靜、發行／現代教養文庫） 星座插圖●鈴木稔、PIXTA

天鴿座

天鴿座是十六世紀末創造出來的星座，起源自舊約聖經的故事〈諾亞方舟〉。相傳上帝對於惡人橫行感到痛心，決定消滅地球上的人類。不過，只留下信仰上帝的諾亞和他的家人。

上帝要諾亞「用木頭建造一艘方舟，讓他的家人和地球上所有生物（各選出一對公母）搭乘」，諾亞完全聽從上帝的指示。方舟完成之後，地球發生了一場大洪水，將所有生物和陸地全部淹沒。待洪水退去之後，有一隻鴿子從方舟飛出去，爾後叼了一片樹葉回來。此時諾亞了解到洪水已退，陸地再次出現。人們從這則小故事得到靈感，讓這隻鴿子成為天鴿座。

從空中消失的星座

過去每個人都能自由的創建星座，不過有許多星座因為不被多數人接受而消失。舉例來說，法國天文學家拉朗德曾經根據自己養的貓咪創建了「貓座」。貓座在1801年首次登上星圖，不過在一百年後就從星圖中消失。

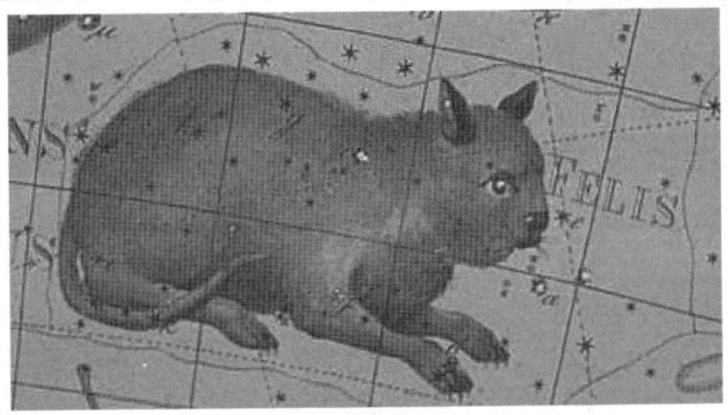
FELIS

沒想到星座還會消失，真令人意外！
以前還有過「飛鼠座和貓頭鷹座呢！

第5章
決戰時刻！
各位貴賓，大家辛苦了！
比賽的第一階段結束了。
只有前兩名的隊伍可以挺進最後階段。
只有前兩名可以晉級？
我們沒望了！
都是大雄害的！
※啪
第一名是遙遙領先的
未來人隊！
只有我們的飛機完好無缺，其他隊伍的飛機都撞爛了。

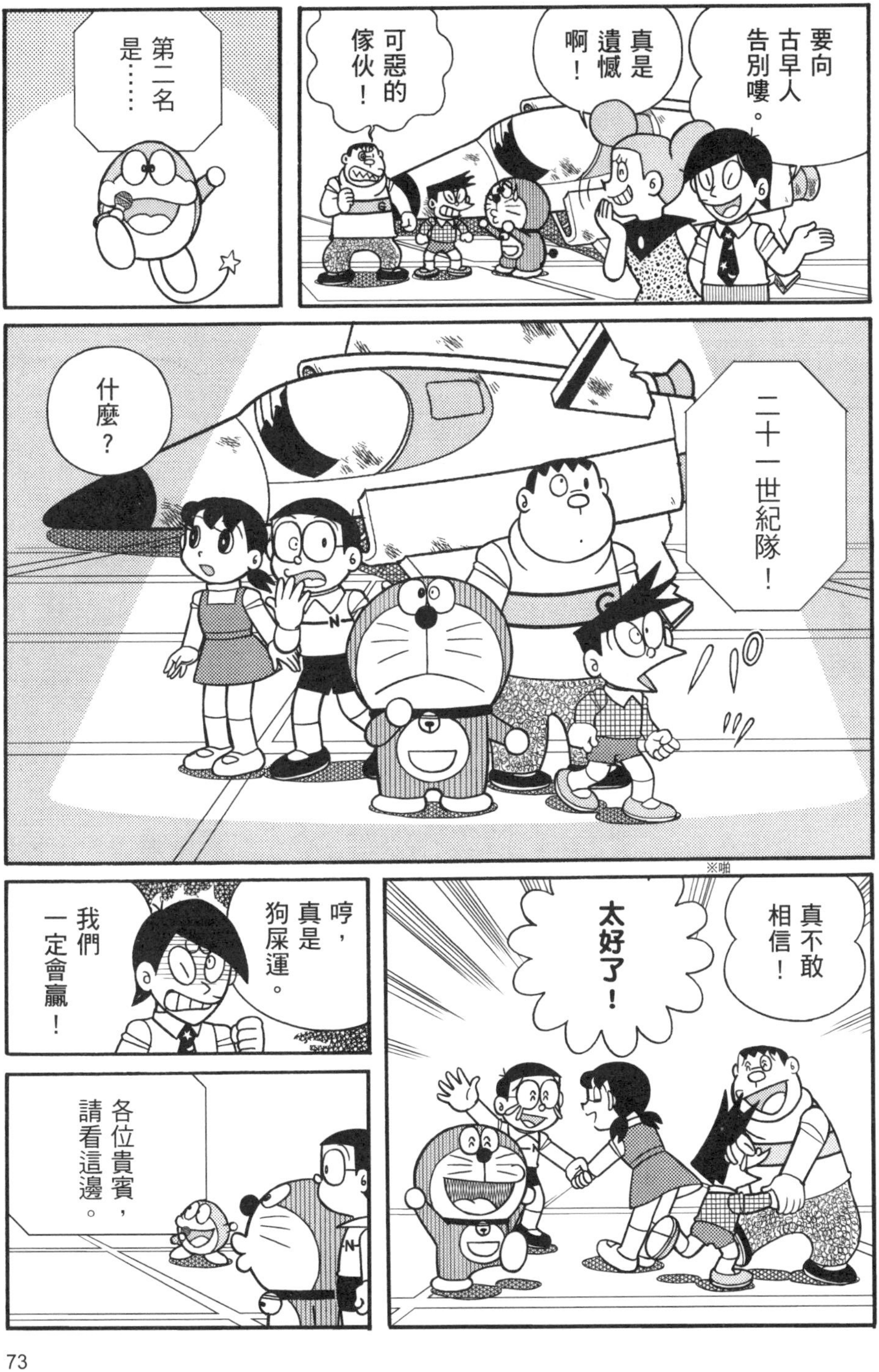
要向古早人告別嘍。
真是遺憾啊！
可惡的傢伙！
第二名是……
二十一世紀隊！
什麼？
真不敢相信！
太好了！
※啪
哼，真是狗屎運。
我們一定會贏！
各位貴賓，請看這邊。

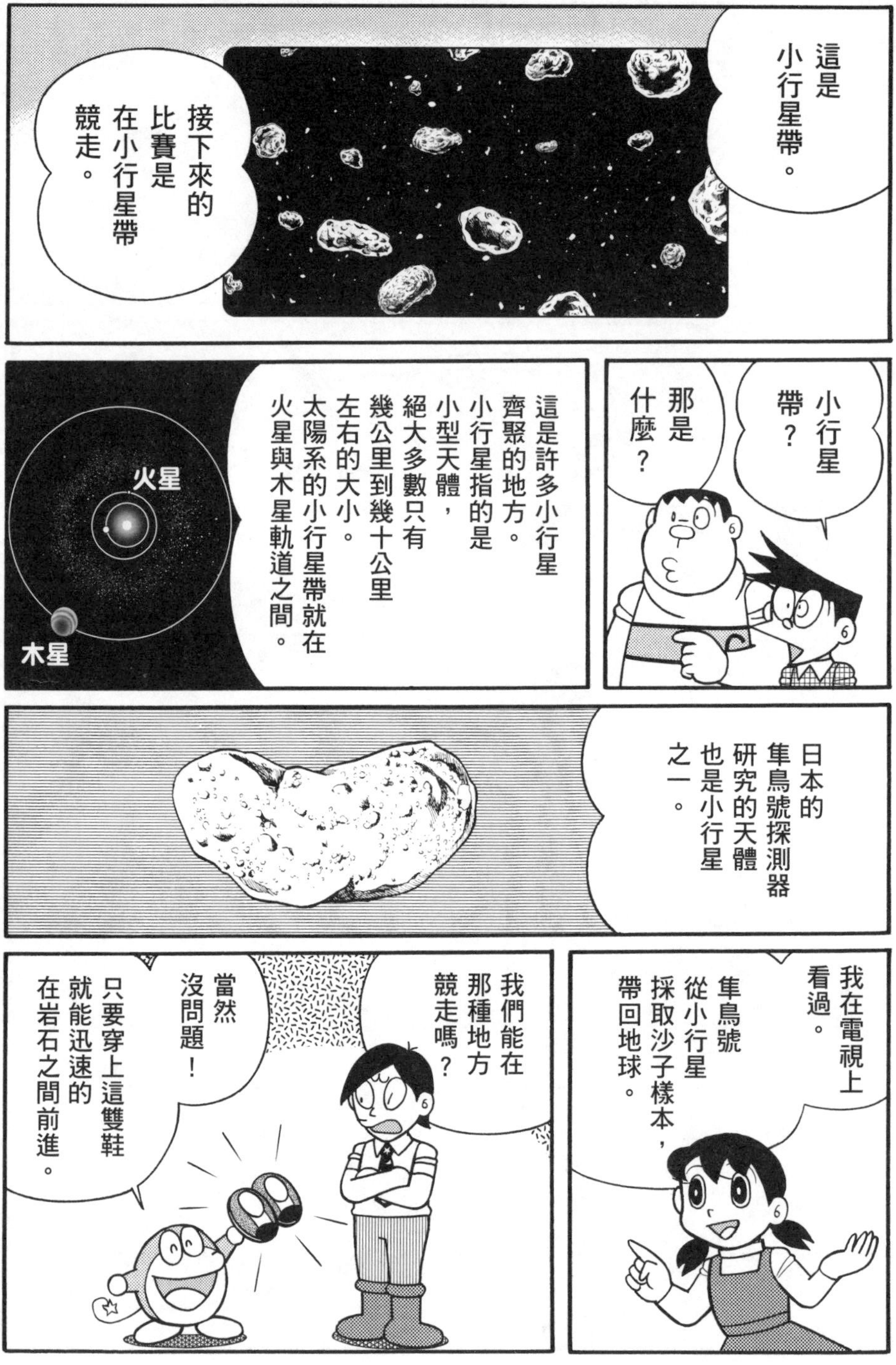

這是小行星帶。
接下來的比賽是在小行星帶競走。
小行星帶？
那是什麼？
這是許多小行星齊聚的地方。小行星指的是小型天體，絕大多數只有幾公里到幾十公里左右的大小。太陽系的小行星帶就在火星與木星軌道之間。
火星
木星
日本的隼鳥號探測器研究的天體也是小行星之一。
我在電視上看過。
隼鳥號從小行星採取沙子樣本，帶回地球。
我們能在那種地方競走嗎？
當然沒問題！
只要穿上這雙鞋就能迅速的在岩石之間前進。

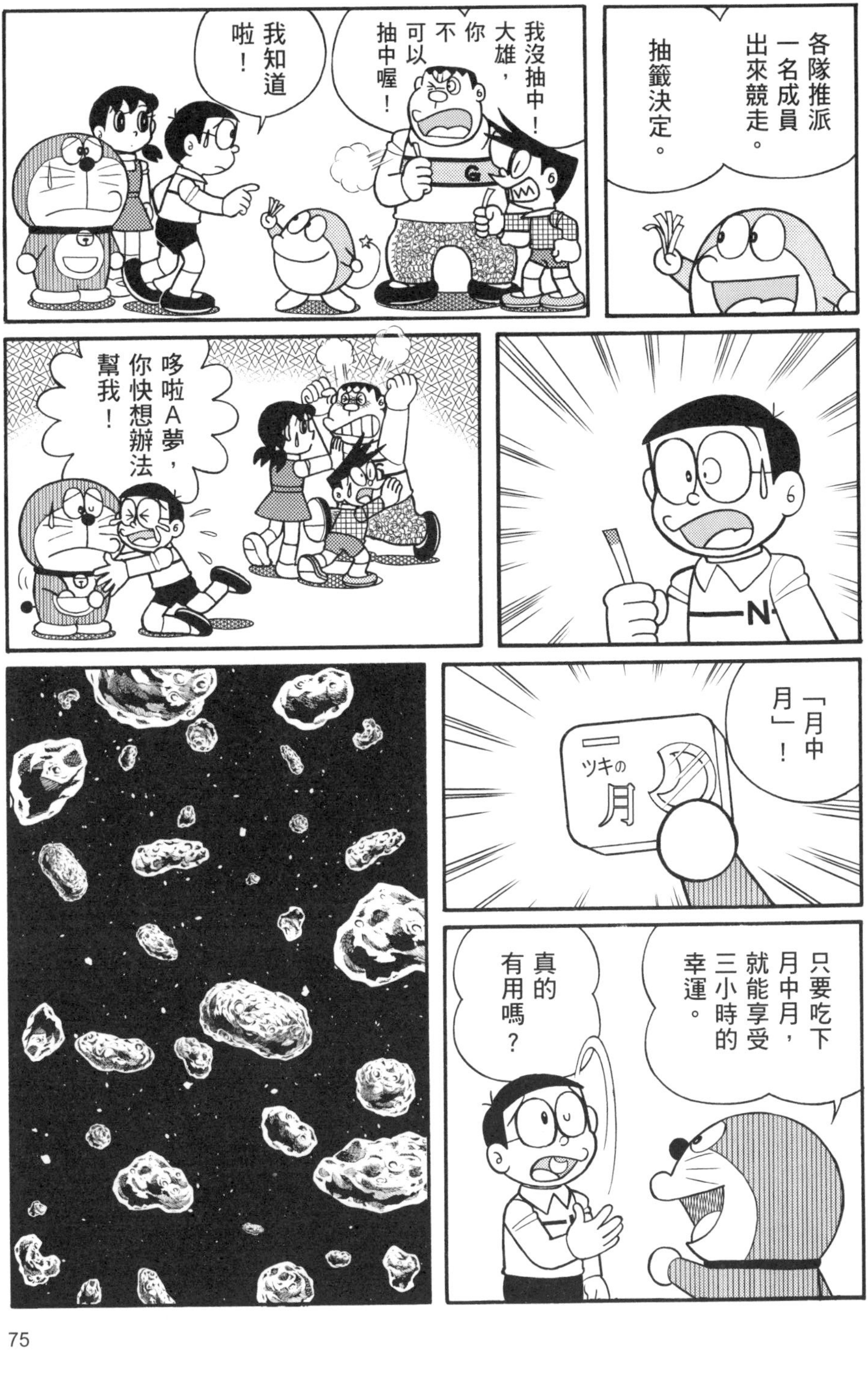
各隊推派一名成員出來競走。
抽籤決定。
我沒抽中！大雄，你不可以抽中喔！
我知道啦！
哆啦A夢，你快想辦法幫我！
「月中月」！
ツキの
月
只要吃下月中月，就能享受三小時的幸運。
真的有用嗎？

準備好了嗎？
起點
那裡有幾顆插著旗子的小行星。
先拿到一面旗子並返回起點的人獲勝。
大雄！你要是輸了，我可不饒你！
大雄，加油！
是笨蛋嗎？
古早人想贏未來人，再等一百年吧！
你說什麼！

好，預備……
起點
開始！
哇！好難站穩啊！
グラ
グラ
※搖晃、不穩
這樣根本沒辦法往前進！
看我輕輕鬆鬆跳到遠方的岩石上！
呵呵，笨手笨腳的。
大雄真是沒救了！

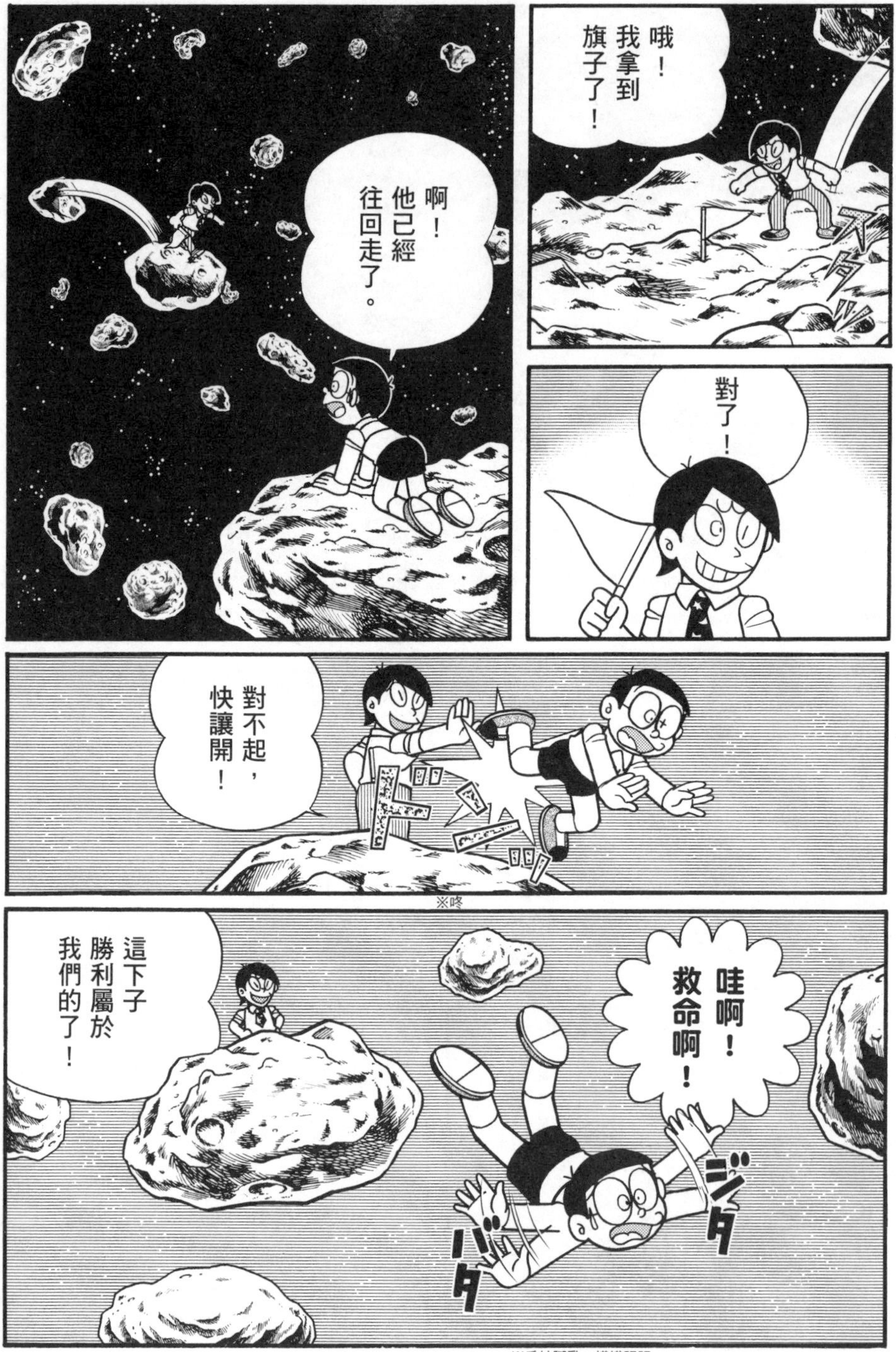

※咚

※手忙腳亂、慌慌張張

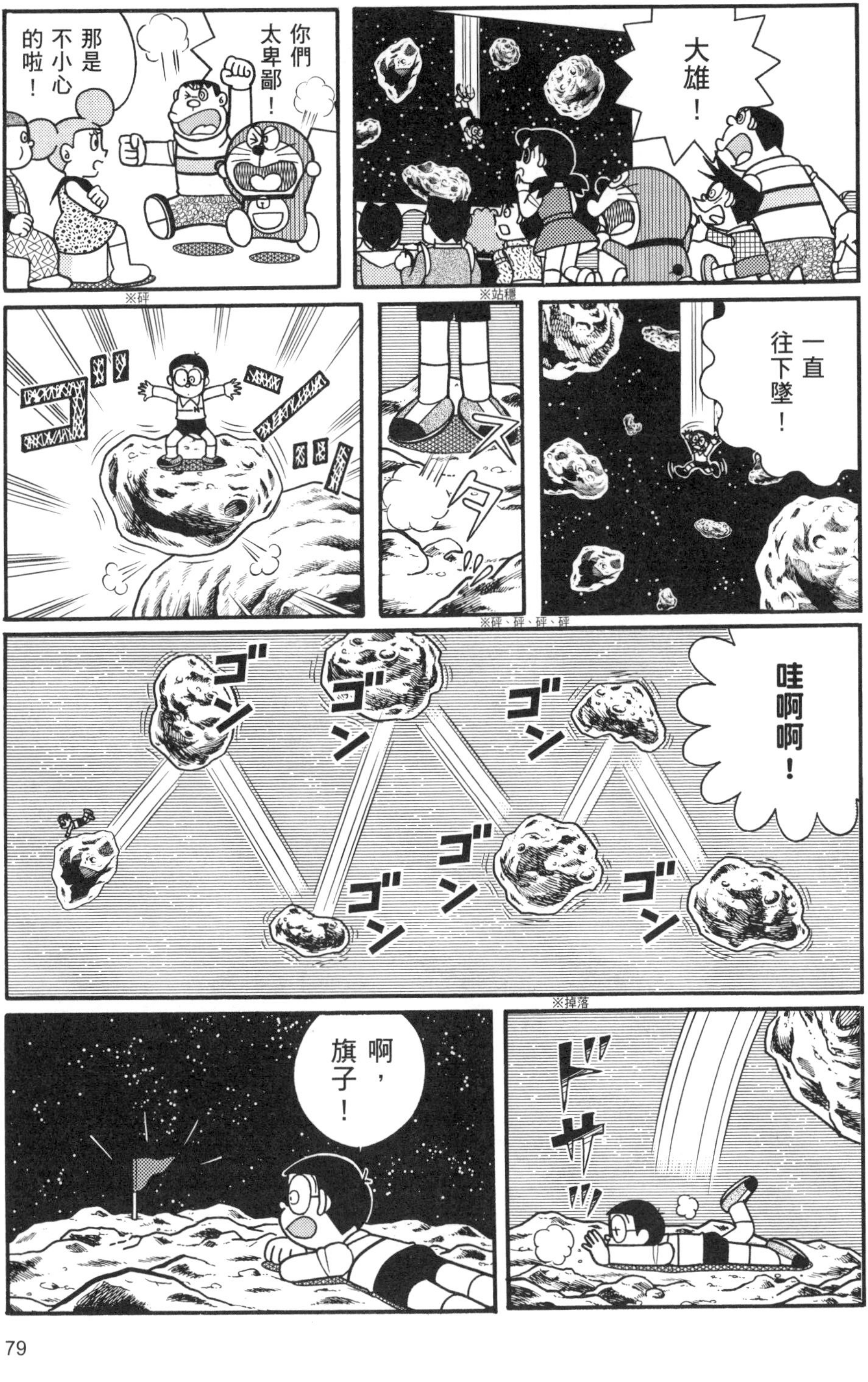
大雄！
※站穩
你們太卑鄙！
那是不小心的啦！
※砰
一直往下墜！
スタ
※砰、砰、砰、砰
哇啊啊！
ゴン
ゴン
ゴン
ゴン
ゴン
ゴン
※掉落
ドサ
啊，旗子！

太好了！「月中月」果然有用！
大雄這傢伙，因為行星碰撞的反作用力掉在旗子旁邊。
運氣真好！
糟了！我得趕快回到起點才行。
哎呀！
グググ…
※往後倒
怎麼了？感覺有一股力量把我往後拉……
ズルズル…
※腳滑
我還有可能獲勝嗎？
啊啊啊！
怎麼回事？
救救我！

那是什麼？

那是黑洞！

黑洞就是那個會把周圍的東西全部吸進去的天體，對吧？
這裡怎麼會有黑洞？
哇！對不起，會場周邊的勘查不夠確實，沒看到黑洞！
你說什麼！
啊！攝影機被吸走了！
大雄！
※消失……
快想辦法啊！
我哪有什麼辦法啊……
「取物皮包」！

用這個
去救大雄吧！
用這個？
我好像
一直
被吸過去
……

※手滑
啊！旗子被吸走了！
可惡，快來救我啊！
※掉落
哇啊啊！
※抓住

※抓住

※轟隆

哆啦A夢！
謝謝你救了我，很抱歉我一直欺負你，對不起。
嗯……

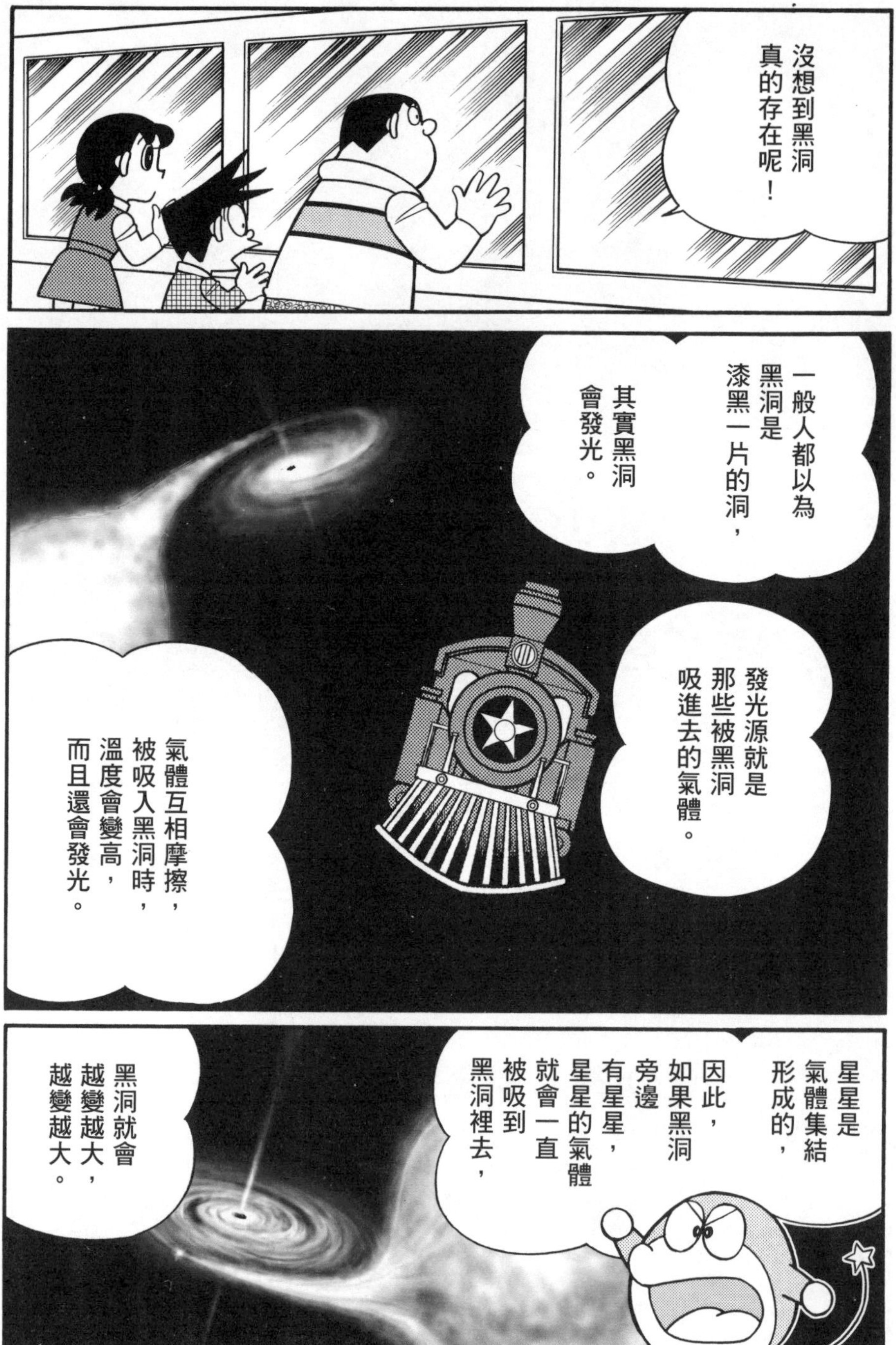
沒想到黑洞真的存在呢！
一般人都以為黑洞是漆黑一片的洞，
其實黑洞會發光。
發光源就是那些被黑洞吸進去的氣體。
氣體互相摩擦，被吸入黑洞時，溫度會變高，而且還會發光。
星星是氣體集結形成的，因此，如果黑洞旁邊有星星，星星的氣體就會一直被吸到黑洞裡去，
黑洞就會越變越大，越變越大。

好可怕！
不僅如此，專家認為被黑洞吸進去的東西會永遠消失，不可能再回來。
看來宇宙還有許多尚未解開的祕密。
我們回到太空樂園嘍！
哆啦A夢，這場比賽到底誰贏啊？
對欸，到底誰贏？
沒想到會臨時發生意外，那就重新比一次吧？
不，我的旗子掉了，
再說，二十一世紀隊成功把旗子帶回來了。
啊！

冠軍是……
二十一世紀隊！
萬歲！
好期待拿到獎品，是一顆星星呢！
多虧吃了「月中月」，太值得了！
你說什麼？
沒有，沒事。
好了，我們回地球去吧！
這一趟真好玩！

三天後
「星星兌換券」寄來嘍！
上面說只要在「任意門」前說出兌換券上的號碼，星星贈品就會直接送過來。
我要蓋一間胖虎體育館。
如果有大海，我要打造一片廣大的私人海灘！
交給我吧！
啊啊啊！
大雄！
是星星沒錯，卻是沒用的碎屑啊！
拿到這種贈品一點都不開心！

位於M87星系中央的超巨大黑洞，發光之處是在黑洞周邊旋轉的高溫氣體。看不見黑洞本身。

揭開巨大黑洞的真面目！

人類終於拍到黑洞的照片！

全世界第一次！成功拍到巨大黑洞！

大多數星系的中央都有一個大黑洞。由於光與電波都會被吸進黑洞，因此一般人看不見黑洞，相機也拍不出來。不過，只要黑洞周圍有會發亮的氣體，黑洞看起來就會像黑影。

二〇一七年，全世界十九座陸上望遠鏡合作，觀測位於M87（距離地球五千五百萬光年的橢圓星系）中央的超巨大黑洞與其周邊的模樣。從拍攝到的影像中，可以發現黑洞的重量大約是太陽的六十五億倍左右。

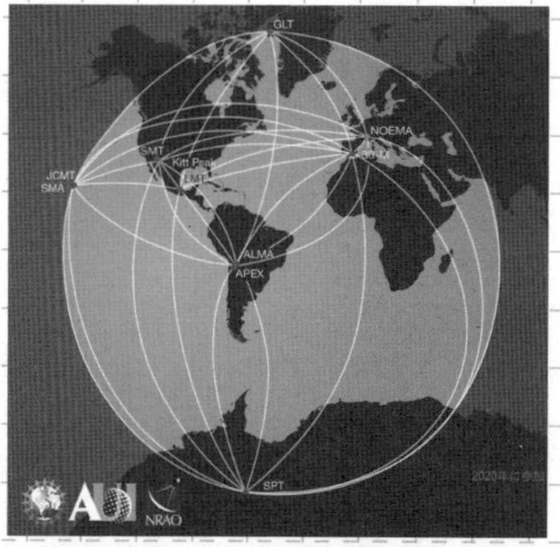

▲結合位於陸地上的八座電波望遠鏡，就能組成一座大小相當於地球的高性能電波望遠鏡。這座電波望遠鏡拍到了超巨大黑洞。

黑洞有兩種！

黑洞不是洞。黑洞雖然小，卻很重，是一種可以吸入任何物體的可怕天體。就連光與電波也會被吸進去，因此人類只會看到一片漆黑。如果你搭乘火箭靠近黑洞，就會被吸進去，再也出不來。

▲位於M87中央的超巨大黑洞周邊示意圖。往外噴出的是稱為「噴流」的高能量氣體。

目前知道黑洞有兩種，一種是小型黑洞，另一種是超巨大黑洞。小型黑洞是重量為太陽三十倍以上的星星爆炸後形成的，一個星系中會有許多這類的黑洞。超巨大黑洞通常位於一個星系的中央，人類目前還不知道其生成原因。

▶小型黑洞示意圖。這是位於銀河系的「天鵝座X-1」黑洞，可以看見位於旁邊的星星氣體全被吸入黑洞之中。

影像提供● EHT Collaboration（用 EHT 拍到的 M87 中央黑洞影像）、NRAO/AUI/NSF（2018 年以後的 EHT 望遠鏡配置圖）、Jordy Davelaar et al./Radboud University/BlackHoleCam（M87 中央黑洞的周邊示意圖）、NASA/CXC/M.Weiss（黑洞示意圖）

※平安時代：西元794-1185年

氣死我了！
怎麼了？你又被排擠了嗎？
算了，最多就是我不寫功課，被老師罵而已。
這件事交給我吧！
「時光機」！
原來還有這一招啊！
我要寫一篇讓大家無話可說的報告！

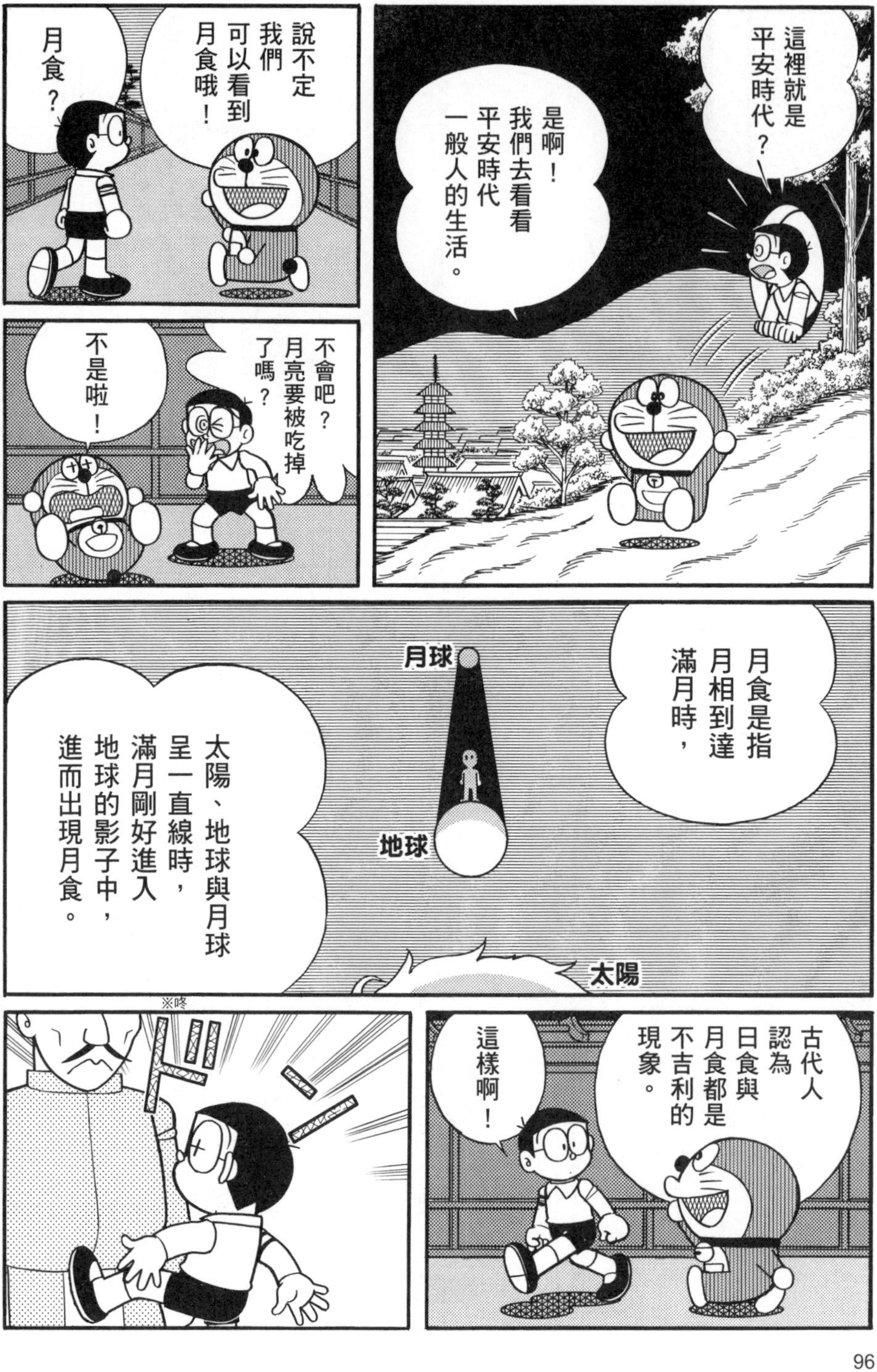
這裡就是平安時代？
是啊！我們去看看平安時代一般人的生活。
說不定我們可以看到月食哦！
月食？
不會吧？月亮要被吃掉了嗎？
不是啦！
月食是指月相到達滿月時，
月球
地球
太陽
太陽、地球與月球呈一直線時，滿月剛好進入地球的影子中，進而出現月食。
古代人認為日食與月食都是不吉利的現象。
這樣啊！
※咚

對不起。
可疑的傢伙！
快來人啊！有歹徒！
哇！
※騷動
糟了，是死巷子！
看你們往哪兒跑，受死吧！
不要啊！
「人體行動遙控器」！
慢速
停止
倍速
倒帶

暫停！
ピタッ
他們停下來了！
這個遙控器可以像看影片那樣，讓人物動作加快、變慢，或是倒帶、暫停。
跑哪裡去了？這裡嗎？
糟了！「穿透環」。
靜香？
當然不會是靜香啊！

※定住

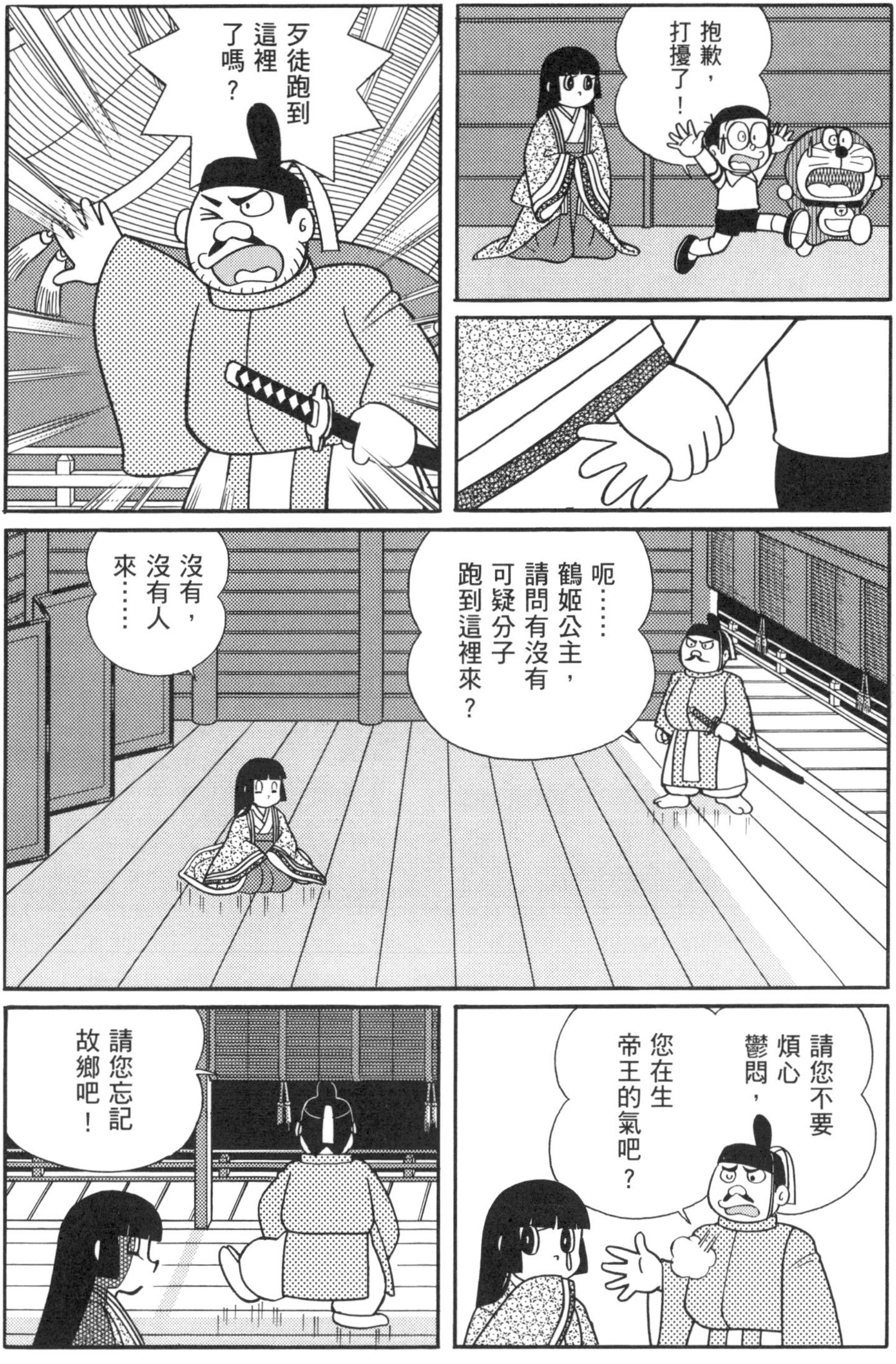
抱歉，打擾了！
歹徒跑到這裡了嗎？
呃……鶴姬公主，請問有沒有可疑分子跑到這裡來？
沒有，沒有人來……
請您不要煩心鬱悶，您在生帝王的氣吧？
請您忘記故鄉吧！

沒事了，你們可以出來了。
謝謝你。
剛剛他說的話是什麼意思？
你是因為這樣才哭的嗎？
我根本不是公主。
我是被帝王看上，為了治奶奶的病，迫不得已被帶進宮來。
太過分了！
※大哭
我們一起逃走吧！
等一下！
等到人少一點的時候再逃吧！

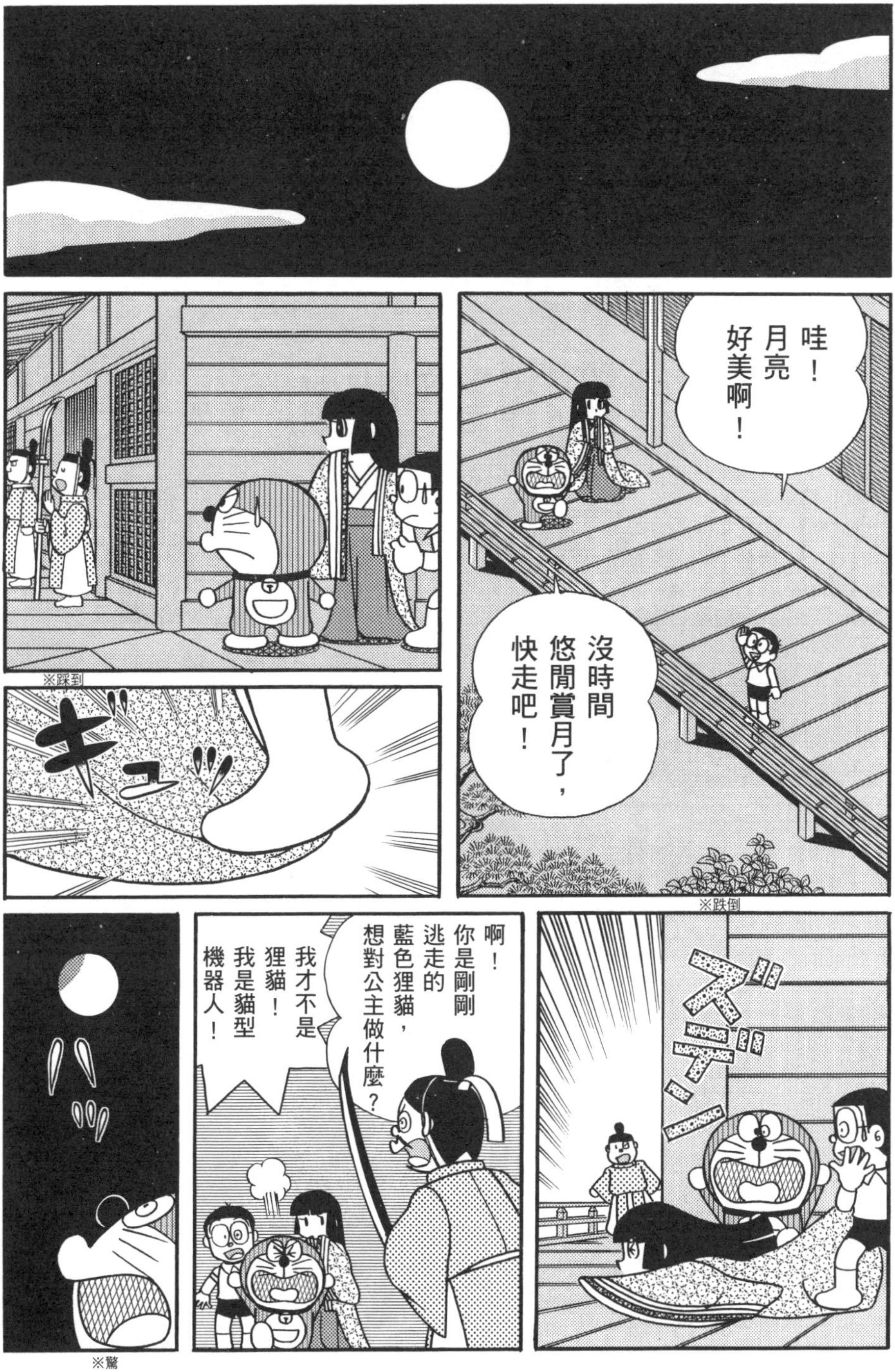
哇！月亮好美啊！
沒時間悠閒賞月了，快走吧！
※踩到
ギュッ
※跌倒
ズデーン
啊！你是剛剛逃走的藍色狸貓，想對公主做什麼？
我才不是狸貓！我是貓型機器人！
※驚
ハッ

快看天上！
慢速
停止
倍速
倒帶
快轉！
呃……哇！
月亮……
變紅了？
我是神！看我發功把月亮的光芒染成紅色的！
不吉利……
這是怎麼一回事？

如果不想再惹我生氣，就放過這個女孩！
啊哇！
不祥啊！不吉利、不吉利！
這個世界要毀滅了！
ドドタタ
這是什麼？
別問了，快過來！
呃……呃……
老伴兒，你還好嗎？
小鶴……我們對不起小鶴啊！
爺爺！

小鶴！
對不起，我突然就跑回來了。
沒關係，沒關係。
奶奶的身體還好嗎？
這個……帝王承諾要請的醫生以及要給的食物都沒來……
竟然說話不算話！
哆啦A夢，你快想想辦法！
「醫生手提包」！

這隻狸貓是怎麼回事？
別擔心，他會治好奶奶的病。
ム
※生氣
奶奶的病是麻疹，只要吃藥，補充體力，就能治好。
還有可以攝取營養的罐頭與調理食品，請收下。
やきとり
SOUP
おでん
フレーク
這是什麼？
罐頭只要打開就能吃，調理食品只要用熱水加熱就能吃。
好吃、好好吃！
我從來沒吃過這種東西！
你是神！是狸貓神！
都說我不是狸貓了！

真的很謝謝你們！
再見，祝你們幸福！
做好事之後，心情都好起來了。
可是，好像忘了什麼事……
啊！我竟然忘了自由研究的功課！
哆啦A夢，快回去！
不要啦，我累了。
你在幹嘛！不能這樣！

動作要輕一點，怎麼可以這麼粗魯呢！動作一定要輕輕的……
這可是很珍貴的資料啊！
快沒時間了，我哪能慢慢翻啊……
說話的時候不要對著資料，口水會飛到資料上！
嘖！真難搞啊！
咦？這是……
這是很少見的卷軸哦。
平安時代流傳著一則狸貓神讓月亮消失的傳說哦！
長得好像哆啦A夢哦。

極罕見的天文現象！

為各位介紹從地球可見、令人驚喜的天體秀！

日全食

「日食」是月球通過太陽前方，將太陽遮住的現象。當太陽、月球與地球呈一直線，就會出現日全食。下一次日本可以看見日全食的時間是二〇三五年。

▶2009年7月22日在北硫磺島附近拍到的日全食，可以看見月球的樣貌。

二十一世紀最長的日全食！

日食是很少見的天文現象，日全食更是罕見。二〇〇九年七月二十二日，日本吐噶喇群島與屋久島部分地區，可以看到二十一世紀時間持續最久的日全食。上一次日本出現日全食是在一九六三年，這次是相隔大約五十年再次在日本出現的日全食。為了觀測日全食，許多漁船聚集在太平洋北硫磺島附近。日食開始時，太陽會逐漸被月亮遮住。進入食甚現象之際，四周溫度會突然變涼。即使是大白天，也只剩海上的晚霞還有微光。當太陽完全被遮住的那一刻，水星和幾顆星星會出現在藍天之中。船上十分昏暗，連書上的字都看不清。整個過程耗時六分三十九秒。希望各位有朝一日都能親眼見證如此驚人的天文現象。

▲為了拍攝日食，許多民眾登船搶位，做好準備。後方的島嶼就是北硫磺島。

下一次為二〇三〇年！金環日食

▲2012年5月21日，在日本觀測到的金環日食。

從地球上看到的月球大小比太陽稍微小一些時，日食就會出現環狀。由於陽光十分強烈，「金環日食」還能看到些許太陽，因此出現金環日食時，天空不會漆黑一片。下一次日本出現金環日食會是在二〇三〇年。

太陽長出一顆大黑痣？金星凌日

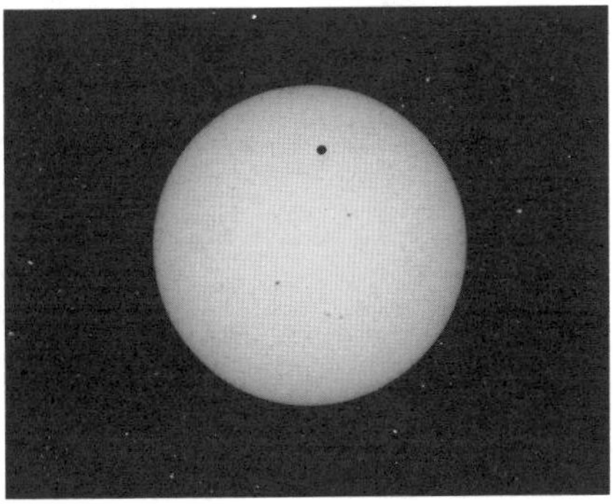

▲2012年6月6日，在日本觀測到的金星凌日（金星通過太陽盤面）。

不是只有月球才會通過太陽盤面，水星和金星也會通過。這些現象比日食還少見。右邊照片中的黑點是金星，可以看出太陽有多大。下一次日本出現金星凌日會是在二一一七年。

日本　描繪日食的「天岩戶神話」

▲描繪天岩戶神話的畫作（春齋年昌畫、1887年）。

日本自古流傳著以日全食為背景的神話。相傳個性狂暴的須佐之男命觸怒了天照大御神，使得天照大御神躲進天岩戶，世界陷入一片漆黑。神祇們想盡各種辦法，終於成功將天照大御神引出天岩戶。因為天照大御神是太陽神，一般認為這則神話指的就是日食。

影像提供●福島英雄、宮地晃平、片山真人（地球照的月球盤面樣貌）、山田不思議（日食觀察）、日本國立天文台（2012年5月21日金環日食、2012年6月6日金星凌日）

第7章
販售星星
我爸爸的朋友在NASA工作，他送了一顆掉在南極的隕石給我們家。
唉……
據說這是火星隕石。
這是隕石？
該不會只是普通的石頭吧？
我擁有的東西比你的更氣派呢！
※哈哈哈

你說什麼？
你都這麼說了，就拿來給我們看看啊！
呵呵，不要說隕石了，我會拿更厲害的東西給你們看。
要是敢騙我，我就讓你用鼻子吃義大利麵哦！
你這麼說好嗎？
哆啦A夢，快拿星星給我。
你又來了！
※笑
「任意門」送修了，我們不能去外太空。
什麼？那我該怎麼辦？
你們兩位，請問一下……
你們對星星感興趣嗎？

我手邊有很多好東西，可以算你們便宜一點。
感覺很可疑。
叔叔，你是誰？
抱歉，這是我的名片。
宇宙專業不動產
營業部
瓜付 太藏
他說他是專業的宇宙房地產經紀人。
您有任何要求，我都能滿足。
可是星星又沒有空氣，買下來也不能住，根本活不了。
請您放心。我們推薦給客戶的都是有空氣的物件。
您想要什麼樣的物件？
我想要適合午睡，想睡多久就睡多久的地方！
那就是永夜星球嘍！
有，我們有這樣的物件。現在就去看看吧！
宇宙不動產
型錄
要怎麼去呢？
只要將手放在型錄裡的物件上，就可以過去了。

我先過去嘍！
哇，他掉進書裡了。
功能很像「任意門」。
我也去！
可以相信他嗎？
哇！好黑哦！
是的，這裡一直是晚上。
這顆行星繞著太陽公轉時，一直用同一面對著太陽。
若以您居住的太陽系行星來比喻，就像是水星一樣。
水星的一天很長，以地球時間換算，大約是一百七十六天。
簡單來說，白天為八十八天，晚上也是八十八天。
什麼！夜晚竟然這麼長！

※穿越

在這裡我就能一直睡覺了。
您還滿意嗎？
當然……哈…哈……
ハクション
※哈啾
怎麼感覺好冷啊？
仔細一看，這裡根本是冰的世界嘛！
那是當然的，這裡沒有太陽，一定會很冷啊！
カチーン
※結冰
大雄！
哎呀！
快走！要趕緊回到溫暖的地方才行。
哦！您喜歡溫暖的地方嗎？那麼……

這顆星球您還喜歡嗎？
這裡暖化很嚴重，有很多二氧化碳。
※融化
氣候相當溫暖，很符合您們的需求。
ジジ
以地球附近的行星來比喻，這裡就像金星一樣。
呼呼……金星？
金星是一顆充滿二氧化碳的行星，表面溫度高達四百六十五度。
四百六十五度！

這樣的地方有生物嗎？
怎麼可能有！這裡就連一隻蟲也沒有。
這顆行星真的沒問題嗎？
ジリ
ジリ
※冒煙
咦？
好像什麼東西燒焦了？
チリ
チリ
※嘶
燒起來了！
好燙！好燙！
糟糕了！

※潑水、呲～

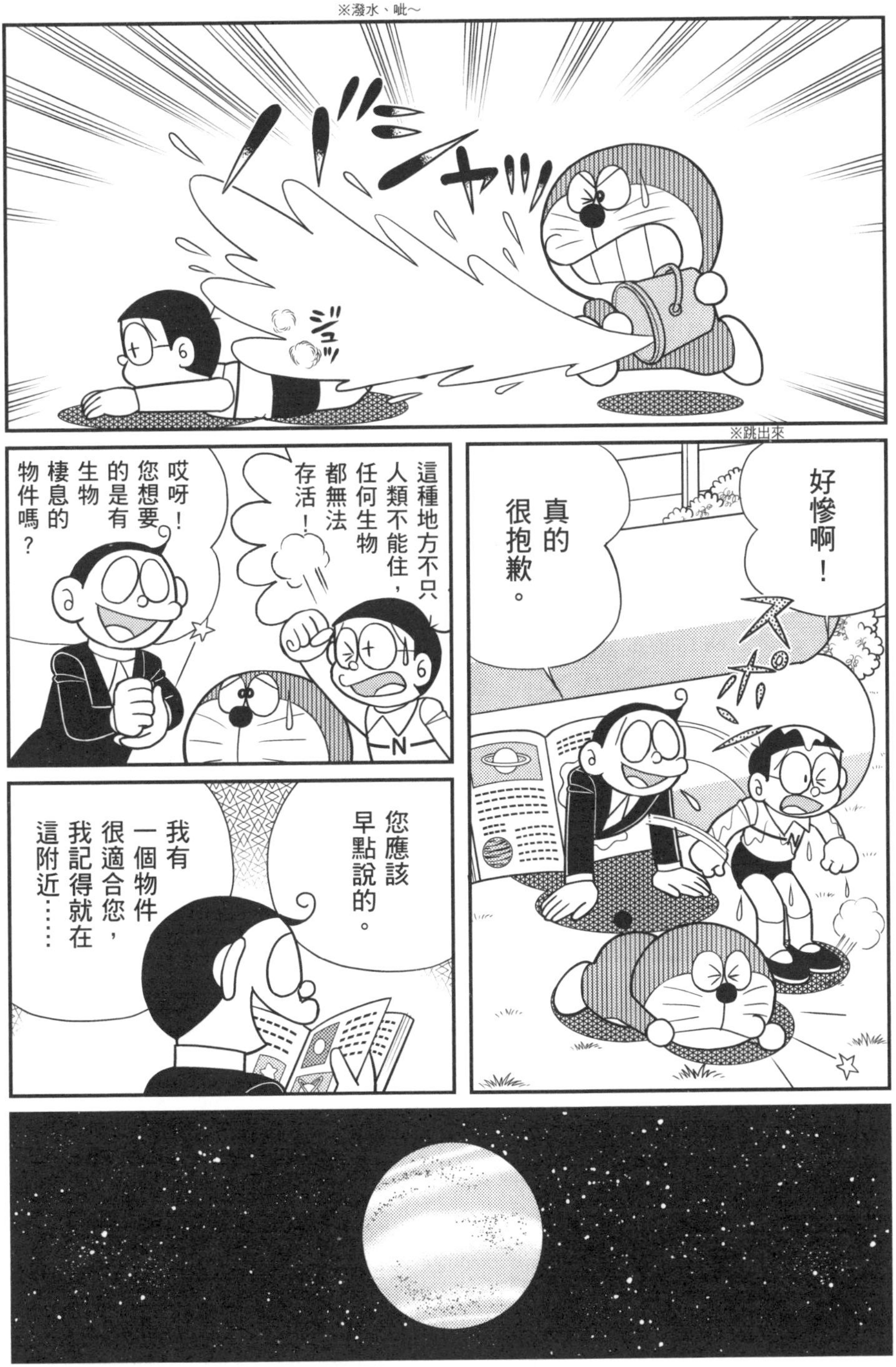
バシャッ
ジュッ
好慘啊！
真的很抱歉。
這種地方不只人類不能住，任何生物都無法存活！
哎呀！您想要的是有生物棲息的物件嗎？
您應該早點說的。
我有一個物件很適合您，我記得就在這附近……

※跳出來

哇！又回到冰的世界？
這裡好亮啊！
這裡有生物嗎？
當然有。
您看看底下。
這塊冰層底下是一片海。
生物就棲息在海裡。
海
從這邊根本看不見。
很抱歉，今天沒有準備潛水的用具。
「水中氧氣糖」！

吞下去會怎樣？
可以分解水，釋出氧氣。
接著再用「穿透環」，就能潛入海裡。
這位客人，您的東西還真奇特啊！
這裡有好多從未見過的生物！

專家認為太陽系中，土星衛星「土衛二」和木星衛星「木衛二」上，可能有生命存在。
不過，和這裡的生物截然不同。
住在這裡的話，可以在上面用冰建造房子或城堡，還能享受海底散步。
靜香一定會很開心！
這顆行星很好。
您喜歡這裡嗎？
是的！我要買下這裡！
太好了，這是合約書，請您簽名……
契約書
※轟轟轟
※轟轟轟
什麼聲音？
哦，對了，我剛剛忘了說。

影像提供● NASA/JPL/Space Science Institute

※砰砰砰
ドドドド
這顆行星偶爾會有火山爆發，要注意安全。
哇啊啊啊！
※砰砰砰
是間歇性噴發！
這一點要早說啊！
ドドドド
ドドド
對不起！
※砰砰砰
哇啊啊！
ドドド
哆啦A夢！
呼呼……咳咳……

討厭！我不要那顆危險的星球！
您也不喜歡那顆星球嗎？
嗯……您想要的條件可以再說得具體一點嗎？
宇宙不動產
パラパラ
※翻閱
我喜歡有白天和晚上，氣候適合居住，有山有海，食物還很好吃的地方！
您說的不就是地球嗎？
相似的物件也不是沒有，但是像地球的行星很特別，價格很高哦！
要多少錢？
※說悄悄話
請您稍微靠過來……
ゴニョゴニョ
×○△○……!?
我哪來那麼多錢？
那麼，請問您有多少錢？
現在只有十圓……
什麼？十圓！

錢這麼少，剛剛介紹的星球全都買不起。
對不起。
算了，我沒有事先確認，也有責任。
我有一個十圓也買得起的物件。
是嗎？是怎樣的？
這是星星？
沒錯！這個叫「梅乾星」！
怎麼看都是醃梅乾的種子！
我要讓你用鼻子吃義大利麵！
哇嗚！哆啦A夢！
唉！今天的業績還是吊車尾……

●完●

科學家想像中的「TRAPPIST-1」行星示意圖。TRAPPIST-1在空中閃耀，行星上可能有水。

尋找有生命存在的行星！

一定有生命存在！
肯定有第二個地球！
人類的挑戰已經開始。

▲「TRAPPIST-1」與7大行星示意圖。TRAPPIST-1的大小與木星相仿。

陸續發現太陽系外行星

全世界的科學家從陸上、從太空，透過望遠鏡不斷探詢宇宙中有生命存在的行星。到目前為止，人類發現了大約五千顆太陽系外行星。其中最受矚目的是二〇一七年由NASA發現的「TRAPPIST-1」，這是距離地球約四十光年的恆星，其周圍還有七顆行星繞行。其中三顆可能像地球一樣，有液態水的存在。日本目前正在使用昴星團望遠鏡研究調查。

在找什麼行星？

地球的生命誕生於大海，幾乎所有生物都在水中生活。由於這個緣故，科學家認為「液態水」是生命存在的必要條件。不僅如此，地球「正好」在適合生物生長的位置。離太陽太近，水分會蒸發；離太陽太遠，水分會凍結。因此，科學家們一直在尋找有液態水存在的行星，目的就是找到地球之外的其他生命。

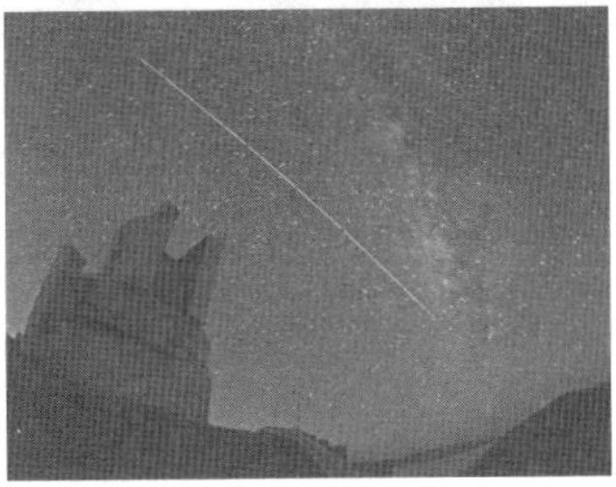

▲日本的昴星團望遠鏡正在尋找太陽系以外的行星。

太陽系中也有生命存在？

科學家發現土星衛星「土衛二」從地下噴出溫泉般的水蒸氣，如果地底有海洋，可能就有生命。木星衛星「木衛二」的冰層下也有海洋，海底還可能發生了火山活動。NASA計畫在二〇二四年發射木衛二快船探測器進行調查。

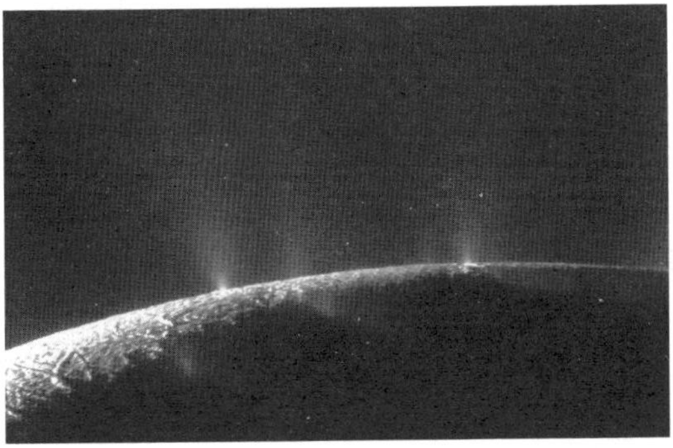

▲從土星衛星「土衛二」噴出的水蒸氣。

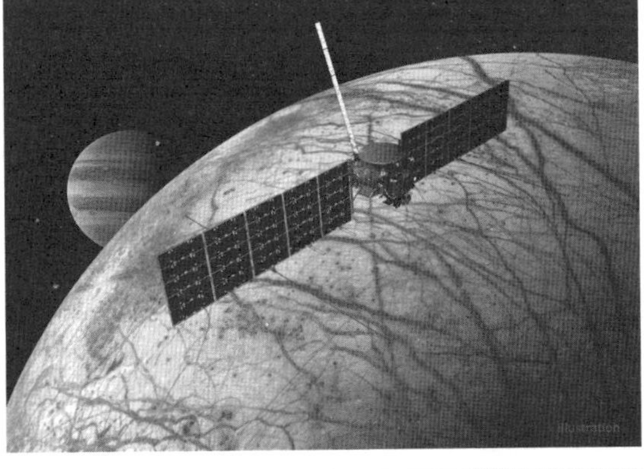

▶調查木衛二的NASA探測器「木衛二快船」示意圖。

影像提供● NASA/JPL-Caltech（TRAPPIST-1 表面、TRAPPIST-1 行星、木衛二快船探測器）、Dr. Hideaki Fujiwara-Subaru Telescope, NAOJ.（通過昴星團望遠鏡上空的國際太空站）、NASA/JPL/Space Science Institute（土衛二噴出的水蒸氣）

獻給想更了解宇宙的你！

介紹推薦的日本網站、設施和書籍！

昴星團KIDS

https://subarutelescope.org/jp/Kids/

網站內容豐富有趣，包括與天文學相關的謎題，以及昴星團望遠鏡工作人員的職務內容。

◀不妨自己做一個「昴星團望遠鏡紙藝作品」，裝飾在房間裡。

日本國立天文台星空情報

https://www.nao.ac.jp/astro/sky/

淺顯易懂的介紹每個月發生的重要天文現象。

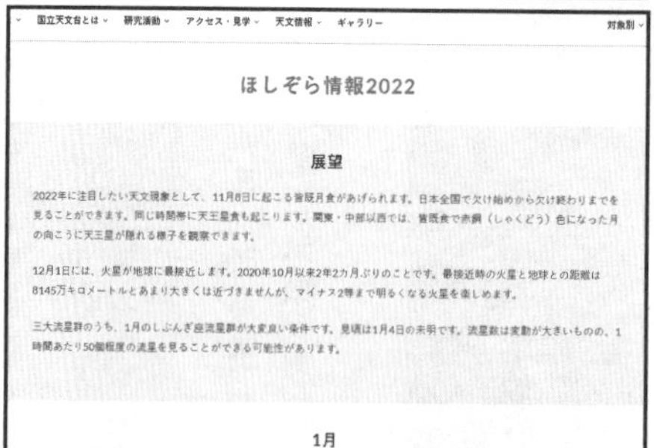

ALMA Kids

https://kids.alma.cl/ja/

「ALMA望遠鏡」是世界上最強的次毫米波望遠鏡。網站簡潔有趣的說明ALMA望遠鏡的大發現。

長野縣　日本國立天文台野邊山宇宙電波觀測所

這裡擁有世界首屈一指的直徑四十五公尺電波望遠鏡，可以近距離觀摩這座功能卓越的望遠鏡！

照片提供／日本國立天文台

地址／長野縣南佐久郡南牧村野邊山 462-2
電話／ +81-0267-98-4300　開館時間／ 8:30 ～ 17:00
休館日／新年期間（12/29 ～ 1/3）　門票／免費
※ 特別開館日的參觀時間不同，請務必注意。
https://www.nro.nao.ac.jp

岩手縣　日本国立天文台　水澤

這座觀測設施是VERA專案的核心。民眾可以近距離觀摩這座大型電波望遠鏡。

照片提供／日本國立天文台

地址／岩手縣奧州市水澤星之丘町 2-12
電話／ +81-0197-22-7111　開館時間／ 9:00 ～ 17:00
門票／免費　※ 無需事先申請
※ 奧州宇宙遊學館（新年期間、週二休館）提供宣傳手冊
https://www.miz.nao.ac.jp/index.html

鹿兒島縣　種子島宇宙中心宇宙科學技術館

館內有國際太空站日本實驗模組的全尺寸模型，以及宇宙實驗模擬體驗。

照片／ JAXA

地址／鹿兒島縣熊毛郡南種子町大字茎永字麻津
電話／ +81-0997-26-9244　開館時間／ 9:30 ～ 16:30
門票／參觀免費　休館日／每週一、新年期間（12/28 ～ 1/2）
※ 週一為例假日時，改休週二。若週二以後也為連續假日時，延至隔日（平日）。
※ 8 月僅第一個週一及第五個週一休館
※ 發射火箭時可能休館
https://fanfun.jaxa.jp/visit/tanegashima/

岡山縣　美星天文台

從事守護星空活動的井原市天文台。可以觀測最美的星空，是十分珍貴的設施。

照片／美星天文台

地址／岡山縣井原市美星町大倉 1723-70
電話／ +81-0866-87-4222
開館時間／ 9:30 ～ 16:00 等，詳情請參閱官網
休館日／每週四、節日的隔日、新年期間
門票／ 300 日圓（小學生以上）
https://www.bao.city.ibara.okayama.jp/

哆啦A夢科學大冒險 5

奔向星空大宇宙

- 角色原作／藤子・F・不二雄
- 日文版審訂／山岡均（日本國立天文台）
- 漫畫／栗原 Misaki
- 插圖／杉山真理
- 日文版封面、版面設計／堀中亞理＋ Bay Bridge Studio
- 日文版版面設計／盛久美子
- 日文版編輯／小西麻理
- 解說／山田不思議
- 翻譯／游韻馨
- 台灣版審訂／李昫岱
- 發行人／王榮文
- 出版發行／遠流出版事業股份有限公司
- 地址：104005 台北市中山北路一段 11 號 13 樓
- 電話：(02)2571-0297 傳真：(02)2571-0197 郵撥：0189456-1
- 著作權顧問／蕭雄淋律師

★ 參考文獻 / 小學館圖鑑 NEO（新版）宇宙
★ 本書未特別載明的資訊皆為截至 2022 年 2 月 25 日的資料。

20223 年 2 月 1 日 初版一刷 2024 年 5 月 1 日 二版一刷

定價／新台幣 299 元（缺頁或破損的書，請寄回更換）

ISBN 978-626-361-655-4

遠流博識網 http://www.ylib.com E-mail:ylib@ylib.com

ドラえもん ふしぎのサイエンス——星のサイエンス

◎日本小學館正式授權台灣中文版

- 發行所／台灣小學館股份有限公司
- 總經理／齋藤滿
- 產品經理／黃馨瑝
- 責任編輯／李宗幸
- 美術編輯／蘇彩金

國家圖書館出版品預行編目 (CIP) 資料

哆啦 A 夢科學大冒險 . 5：奔向星空大宇宙 / 日本小學館編輯撰文；藤子・F・不二雄角色原作；栗原 Misaki 漫畫；游韻馨翻譯 . -- 二版 . -- 臺北市：遠流出版事業股份有限公司 , 2024.05
面； 公分 . --（哆啦 A 夢科學大冒險；5）

譯自：ドラえもんふしぎのサイエンス：星のサイエンス
ISBN 978-626-361-655-4（平裝）

1.CST: 科學 2.CST: 宇宙 3. CST: 漫畫

307.9 113004431

※ 本書為 2022 年日本小學館出版的《星のサイエンス》台灣中文版，在台灣經重新審閱、編輯後發行，因此少部分內容與日文版不同，特此聲明。

探測器載著寫給外星人的信

科學家們堅信地球之外還有生命！

一九七二年NASA的行星探測器先鋒十號、一九七三年先鋒十一號，以及一九七七年NASA的行星探測器航海家一號與二號，先後飛上外太空。這四艘探測器在完成調查行星的任務後，目前已越過太陽系外側的小天體群繼續飛行。探測器很可能在無人曾踏足的未知世界，遇見具備科學能力的智慧外星生命。人類在先鋒號探測器放入先鋒號鍍金鋁板，還在航海家探測器裡擺放了航海家金唱片，向外星人傳達地球人的訊息。

行星探測器先鋒號

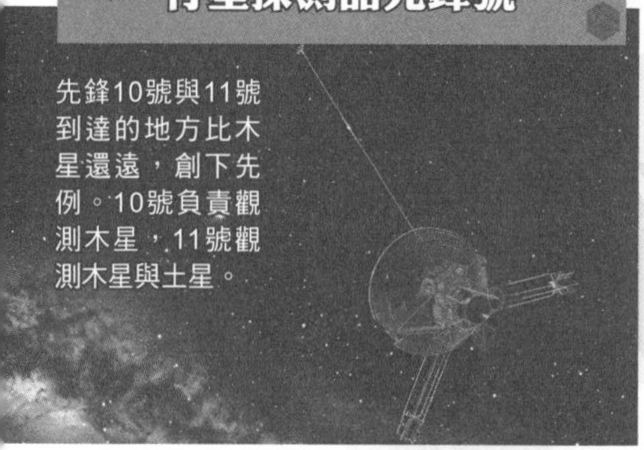

先鋒10號與11號到達的地方比木星還遠，創下先例。10號負責觀測木星，11號觀測木星與土星。

先鋒號鍍金鋁板

▶先鋒十號與十一號搭載的鍍金鋁板，描繪了人類的模樣、銀河系中太陽與地球的位置，這是傳達給外星生命的訊息。

▲1979年，先鋒11號拍攝的土星。下方是土星的衛星「土衛六」。

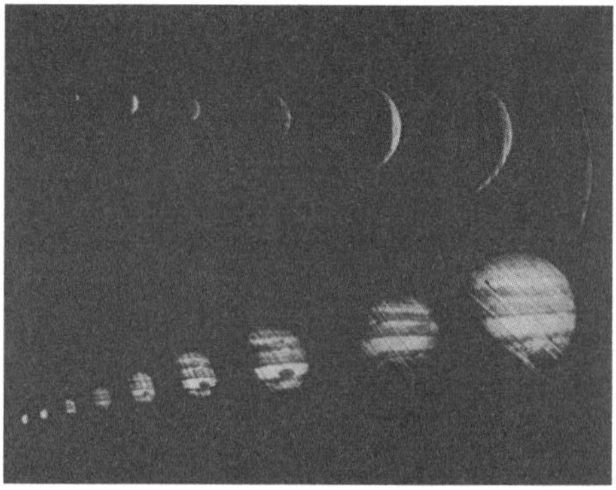

▲1973年，先鋒10號近距離拍到的木星。由於只能看到陽光照射的地方，當先鋒10號遠離木星時，木星看起來就像新月。

行星探測器航海家號

◀航海家1號觀測了木星與土星，航海家2號觀測了木星、土星、天王星與海王星。1號在2012年、2號在2018年飛離太陽系。

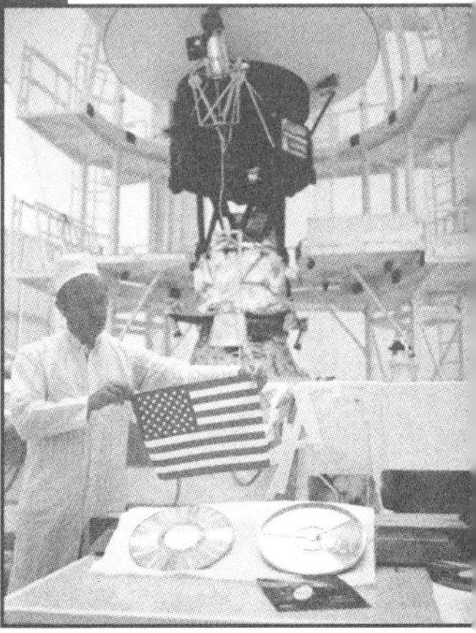

▲上圖為出發前往宇宙之前的航海家2號，以及錄製地球聲音的金唱片。

金唱片

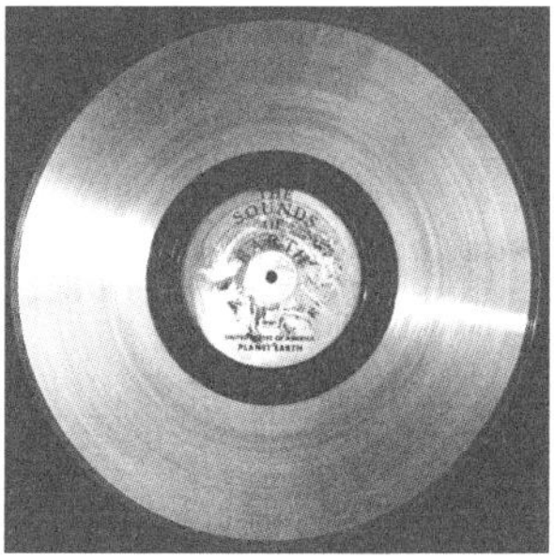

▲航海家金唱片。上面記錄著地球圖像、音樂、動物叫聲、海浪與風聲、各種語言的招呼語，這是傳達給外星生命的訊息。

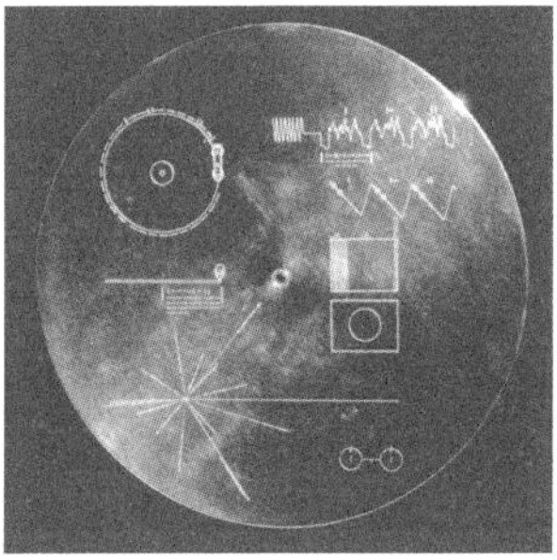

▲金唱片封套。除了出發地，也就是太陽系的位置之外，還描繪著播放唱片的必要資訊。

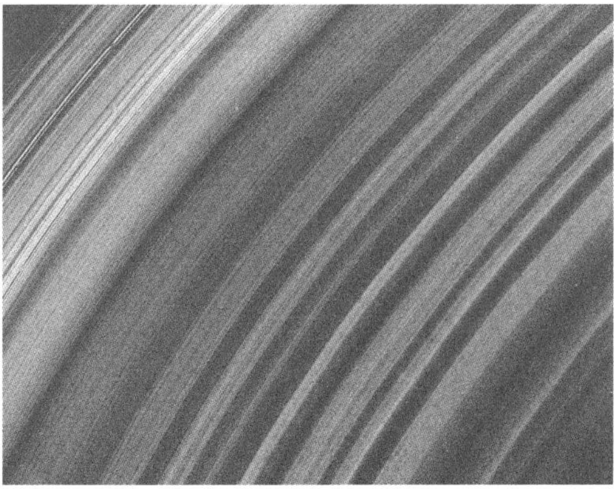

▲1981年，航海家2號拍到的土星環。土星環是由冰組成的，數量超過1000個。

影像提供● NASA Ames（先鋒號、鍍金鋁板、木星、土星）、NASA/JPL-Caltech（航海家 2 號與金唱片）、NASA/JPL（航海家號、金唱片、土星環）